这就是科学 ↘

韦亚一博士，国家特聘专家，中国科学院微电子研究所研究员，中国科学院大学微电子学院教授，博士生导师。1998 年毕业于德国 Stuttgart 大学 / 马普固体研究所，师从诺贝尔物理奖获得者 Klaus von Klitzing，获博士学位。

韦亚一博士长期从事半导体光刻设备、材料、软件和制程研发，取得了多项核心技术，发表了超过 90 篇的专业文献和 3 本专著。韦亚一研究员在中科院微电子所创立了计算光刻研发中心，从事 20nm 以下技术节点的计算光刻技术研究，其研究成果被广泛应用于国内 FinFET 和 3D NAND 的量产工艺中。

《这就是科学》：

科学的发展和知识的积累是现代社会进步的标志；严谨科学的思维也是衡量一个人成熟与否的重要指标。通过阅读本书中一个一个鲜活生动的故事，孩子们不仅可以学习到科学知识，而且可以培育科学的思维和逻辑推理。

韦亚一

2020.12.14

《这就是科学》：

科学的发展和知识的积累是现代社会进步的标志；严谨科学的思维也是衡量一个人成熟与否的重要指标。通过阅读本书中一个一个鲜活生动的故事，孩子们不仅可以学习到科学知识，而且可以培育科学的思维和逻辑推理。

韦亚一

2020.12.14

· 科学启蒙就这么简单 ·

在漫画中学习科学，在探索中发现新知

生物界的指南针

高 美◎编著

图书在版编目（CIP）数据

生物界的指南针 / 张海君编著 . -- 长春 : 吉林文史出版社 , 2021.11

（这就是科学 / 刘光远主编）

ISBN 978-7-5472-8305-9

Ⅰ . ①生… Ⅱ . ①张… Ⅲ . ①生物学—儿童读物 Ⅳ . ① Q-49

中国版本图书馆 CIP 数据核字 (2021) 第 224941 号

生物界的指南针

SHENGWU JIE DE ZHINANZHEN

编　　著：张海君

责任编辑：王　新

封面设计：天下书装

出版发行：吉林文史出版社有限责任公司

电　　话：0431-81629369

地　　址：长春市福祉大路出版集团 A 座

邮　　编：130117

网　　址：www.jlws.com.cn

印　　刷：三河市祥达印刷包装有限公司

开　　本：165mm × 230mm　1/16

印　　张：8

字　　数：80 千字

版　　次：2021 年 11 月第 1 版　2021 年 11 月第 1 次印刷

书　　号：ISBN 978-7-5472-8305-9

定　　价：29.80 元

前言 Contents

通常来说，生物指的是自然界中具有生命的物体，包括植物、动物和微生物三大类。生物的个体都进行物质和能量代谢，使自己得以生长和发育；按照一定的遗传和变异规律进行繁殖，使种族得以繁衍和进化。地球上的生物，它们共同构成了一个庞大的生物世界，并建立起了属于这个生物世界的生存法则和规律。生活在这个生物世界的每个物种，都严格遵循着这些法则规律，相互独立而又彼此联系地共存共生下去。

试想，生物的本质究竟是什么呢？它们究竟从何而来？最初的形态又是怎样的呢？地球上的第一个生物是什么呢？从它而起，又衍生出了哪些生命？它们之间的联系是什么呢？它们之间又有哪些区别呢？

试想，生物的分类有哪些呢？非细胞生物、原核生物、真核生物是否是生物界的基本组成呢？包括病毒、真菌、细菌、植物、动物等种类，又是如何构成庞大的生物界的呢？它们之间又是如何生存和影响的呢？

试想，生物的特征是什么呢？我们常说的新陈代谢是否就是生物界的最基本特征呢？生物自身的遗传和变异又是什么过程呢？生物的生长和繁殖是如何进行的？它们需要的生存资料是如何获取的？

试想……

有关生物界的设想，还有许许多多，甚至时至今日，生物界里依然有许多未解之谜等着人类去探索。

正因如此，了解生物界，是一门非常重要的功课，它不仅是我们认识人类自身的必修课，也是我们了解地球生命史的重要途径。

试着翻开这本书，走进生物界，探索其中奥妙。了解了它们，就等同于拥有了一把钥匙，凭着这本书，我们便能开启通往生物界的神奇大门。

本书编委会

目 录 Contents

背部一侧无脊柱的动物叫作无脊椎动物，这是动物最初始的形态。

昆虫属于节肢动物，是无脊椎动物中的一种。

什么是昆虫？

蜘蛛为什么不是昆虫？

这天傍晚，打完球的方块和红桃穿着汗涔涔的球衣，一起向家的方向走去。虽然正值酷暑，但也抵挡不了两个人打篮球的热情。走着走着，红桃突然大喊了一声，打破了宁静。

方块用一只手捂住自己的左耳，皱着眉头喊道："你喊什么啊？吓我一跳。"

红桃指着方块肩膀上一小块黑乎乎的东西，用颤抖的声音说："蜘……蛛……蜘蛛！"

方块歪头看了看，就用手捏住蜘蛛，故意拿到红桃面前，笑嘻嘻地说："原来你害怕蜘蛛啊？"

"拿开，快拿开——"红桃一边喊着一边向后退了几步，说："我最害怕蜘蛛了！"

方块这才知道，原来红桃害怕蜘蛛。知道了红桃的弱点，方块怎么能不逗逗他呢？于是他拿着蜘蛛一步步向红桃靠近。红桃知道方块心里在打什么主意，于是撒腿就跑，边跑边喊："你个臭方块！就知道欺负我！"

方块可不想错过这个好时机，一边拼命追赶红桃，一边大喊："蜘蛛……不……就是个小……小昆虫吗？你至于……这么害……害怕吗？"

红桃回头看了看与方块之间的距离，一边跑一边喘着粗气断断续续地说："你可……真是个……文盲，蜘蛛……才……才不是昆

虫……呢！”

“啥？——”方块激动得大喊，“蜘蛛的……的……样子，明明……就……就是个小虫……子……怎么……可能不是……昆虫呢？”

红桃和方块两个人跑得上气不接下气，方块逐渐放慢了脚步，又对着红桃的身影大声喊着：“红……桃……别……别跑了，我不……追你了……”方块一屁股坐在花坛边，一手叉着腰，另一只手撩起衣服擦了擦头上的汗水。

红桃见方块不跑了，也来到方块身旁坐了下来，大口喘着气。

“我问你啊，蜘蛛为什么不是昆虫，你凭什么歧视蜘蛛？”方块立刻问道。

红桃深吸了一口气说：“大多数昆虫的身体都分为头、胸、腹这三部分，通常还具有一对触角、三对足和两对翅膀，但是蜘蛛的身体只有头、腹两部分，既没有触角也没有翅膀，它还长了八只腿，所以不是昆虫。”

听完红桃的话，方块仍然眉头紧锁，很显然他并不是很相

信。红桃看出了方块的疑惑，于是说："你不信，我们可以去问问歪博士。"

蜘蛛属于节肢动物门，其中体长最小的蜘蛛只有 0.05 毫米。蜘蛛的身体分为两部分，分别是头胸部以及腹部。蜘蛛具有单眼，排列在头胸部的前端处，大多数具有 8 个，少部分具有 4 个或者 2 个，腹部长着一大片胸板。

两个人来到智慧屋，方块将刚才发生的事向歪博士叙述了一遍。歪博士听后笑着说道："红桃说得没有错。但是还有一点，昆虫在生长发育过程中，通常要经历内外部的变化，也就是说昆虫的每个生长阶段长得都不太一样，但是蜘蛛在生长时，外形并没有发生变化。所以蜘蛛不是昆虫，并且，蜘蛛可是昆虫们的敌人哦！"

“可是歪博士，昆虫是不是没有鼻子和耳朵？那它们是怎么听见声音、闻到气味的呢？”方块接着问道。

歪博士继续解释说：“虽然昆虫们没有鼻子，但是它们的头上和口器下面分别长了一对触角和两对又短又小的口，所以昆虫的嗅觉是非常灵敏的。有些昆虫的耳朵长在身体的其他部位，比如蟋蟀的耳朵长在前面的腿上，有些蛾子的耳朵长在胸部或腹部。”

昆虫是怎么呼吸的呢？

呼吸是所有生物维持生命的方式，昆虫也是一样的，但是昆虫的呼吸方式很特别。昆虫的腹部长有很多气门，每个气门都连着一根导管。成百上千根导管生长在昆虫的肚子里，它们利用这些导管进行呼吸，来维持正常的生命活动。此外，昆虫睡觉时，肌肉还可以控制气管进行收缩，让氧气进入身体内。

“啊？蟋蟀的耳朵居然长在腿上啊？那蟋蟀们的听觉是不是很差？”方块皱着眉说。

“你不要小瞧昆虫好吗？它们的听觉可是很强的，耳朵的位置并不会影响昆虫的听力！你这个笨蛋！”红桃咧着嘴说。

方块没有理会红桃说他是笨蛋，而是感慨道：“昆虫的身体构造虽然不如我们人类复杂，但它们也可以像人类一样维持正常的生命活动，可真是神奇啊！”

歪博士赞同地点了点头。

蝉的蜕皮实验

认识了昆虫以后，同学们是不是对昆虫的成长过程产生了兴趣呢？不如来做一个实验，亲自感受一下吧！

实验准备：蝉的成熟若虫、即将蜕皮的成虫、蝉蜕掉的皮、蝉。

实验目的：通过观察蝉的若虫以及蜕皮过程，了解昆虫的成长过程。

温馨提示：本实验需要观察蝉的蜕皮过程，请耐心。

实验过程：

1. 先观察蝉的成熟若虫、即将蜕皮的成虫以及成熟的蝉，并说出它们的区别。

2. 观察已经被成虫蜕掉的皮。

3. 观察即将蜕皮的成虫的生长过程。

实验原理

蝉的成长阶段分为卵、若虫、成虫，若虫变为成虫的过程中需要多次蜕皮。

苍蝇、蚊子、蜜蜂、蜻蜓都属于昆虫。

蝉的一生

炎热的夏天，蝉在树上鸣叫着，仿佛在抱怨着什么。蝉是夏天最常见的一种昆虫，它有很多别名，其中知了、知了猴或者嘛叽嘹是最常见的名字。蝉的生长可以分为卵、幼虫、成虫三个阶段。

雄蝉与雌蝉交配后，雄蝉就完成了它一生的使命，心满意足地死去了。雄蝉死去后，雌蝉没有时间为雄蝉“悲伤流泪”，因为它身上肩负着产卵的责任。雌蝉的产卵器是尖形的，能够刺穿树枝，每刺一次，就可以产下一批卵，在同一

棵树上，经常要刺出十几个孔才可以产下全部的卵，所以产卵也是个辛苦活儿呢！产下卵之后的雌蝉也会很快死去，所以蝉一出生，就是无父无母的“孤儿”。

蝉的蛹最初生活在地下，靠吸取树根的汁液维持生命。两三年以后，蝉蛹破土而出，然后凭借自己像钩子一般的前腿爬到树上去，并牢牢地挂在树上。逐渐生长的蝉蛹背部会出现一条裂缝，这时候蝉蛹便开始蜕皮了。昆虫的外骨骼主要是由几丁质层组成的，当蝉蛹开始蜕皮时，它的表皮细胞分泌的酶可以将几丁质层溶解，这样像“衣服”一般的外壳就蜕掉了。蜕皮后的蝉生活在树枝上，靠吸取树枝里的汁液来维持生命。

1. 昆虫蜕皮是出于自身的生长需要。

2. 蝉可以吸取树里的汁水，是对树木有害的昆虫。

3. 蝉的卵通常产在树木内。

小蝴蝶，飞呀飞

蝴蝶属于节肢动物门、昆虫纲。

全世界蝴蝶的类型大约有 14000 种，我国有 1200 多种，它们通常颜色艳丽，翅膀布满花纹。

蝴蝶是怎么生长的？

蝴蝶的翅膀为什么有很多颜色？

智慧屋的后方有一片小花园，是博士的“动植物研究园”。

这一天，红桃和方块来到博士家，智慧1号照惯例为两人开门，可不巧的是，博士没在家。没事可做的两人坐在沙发上你看看我，我看看你，有些无聊。方块提议为后院的植物浇水，也算是帮歪博士分担“家务”。

红桃听到要为歪博士做事，毫不犹豫地同意了。于是，两个人一起来到了后院。

拿着喷壶的方块这瞅瞅，那看看，不禁皱起了眉头，因为他不知道哪株植物需要浇水。正在方块犹豫时，红桃拽了拽方块的衣服，又指了指斜前方的茉莉花。

“哇！花上有一只扑棱蛾子啊！”方块大喊道。

红桃皱着眉，眼睛瞪得像铜铃一般大，不可置信地说：“方块你到底有没有常识啊？那可是蝴蝶啊！”

方块听完这话，向前走了几步，可能是受到了惊吓，落在茉莉花上的蝴蝶飞了起来，方块这才看清这只“扑棱蛾子”的样子，不由得更正道：“啊，这原来是只蝴蝶啊！”方块有些不好意思地挠了挠头，随后解释道：“你知道的，我高度近视嘛，离得远看得不是很清楚，而且这只蝴蝶的颜色有些暗淡，停靠在花上时又合拢了翅膀，所以我才看错了。”

“那你说说，蝴蝶和飞蛾有什么区别？”红桃的眼神中仍然透露出不相信。

方块撇撇嘴，小声嘟囔道：“故意考我？真当我是文盲了啊？”红桃望着他，点了点头。方块清了清嗓子，继续说：“咳咳，听好了啊。蝴蝶的颜色通常很艳丽，并且翅膀上布满了花纹或者斑点；飞蛾的颜色比较暗淡，通常以黑、灰两种颜色居多，并且身体上长了许多绒毛。蝴蝶的触角通常是棒状或者锤状的，但是飞蛾却有各种各样的触角，对了，飞蛾的身体要比蝴蝶胖很多。”

方块说完，直勾勾地盯着红桃，仿佛出了一口“恶气”似的。

红桃见难不住方块，于是别过头去说：“还有一点，蝴蝶经常在白天活动，而飞蛾通常在晚上出没，并且飞蛾停留在其他物体上时，通常是展开翅膀的。”

“你们两个在研究蝴蝶和飞蛾吗？”歪博士的声音传了过来。

红桃和方块两个人循声看去，红桃笑着说：“博士，您回来啦！我

们刚才……”

方块怕红桃说起刚才的乌龙事件，于是抢着说道：“歪博士，蝴蝶是怎么生长的呢？”

蝴蝶的最大特点就是有一对色彩绚烂的翅膀，它们的翅膀上覆盖着一层非常细小的鳞片，这些鳞片中包含着化学色素颗粒，这些五光十色的小颗粒聚集在一起，就形成了蝴蝶翅膀上亮丽的图案。

歪博士微笑着解释说：“你们别看蝴蝶长得如此美丽，它们的蜕变可是经过了一个既漫长又痛苦的过程。说起蝴蝶，它可是一种完全变态的昆虫……”

听到“完全变态”这四个字，方块“扑哧”一声笑了出来。

红桃瞪着方块，做出了“嘘”的手势。

歪博士继续说：“蝴蝶的生长分为四个阶段，分别是卵、幼虫、

蛹、成虫。蝴蝶通常将卵产在植物的叶面上，卵的形状通常是圆形和椭圆形。幼虫会吃掉很多植物的叶子……”

红桃插了一句说：“蝉的生长过程只有三个阶段，所以它是不变态的昆虫吗？”

歪博士大笑着回道：“这叫不完全变态。”笑过之后，博士继续往下说：“经过一个寒冷的冬天，幼虫变成了躯壳坚硬的蛹。第二年春天，蛹才成熟。冲破外面的壳后，美丽的蝴蝶就出现了。它们伸展开翅膀，就可以自由自在地飞翔了！”

“从丑陋的毛毛虫变成美丽的蝴蝶，它们可真不容易啊！”红桃感慨道。

蝴蝶为什么喜欢围着花朵飞呀飞？

蝴蝶喜欢在花丛中飞舞，这并不是因为它们喜欢美丽的花朵，而是因为蝴蝶爱吃花朵里含有的花蜜。蝴蝶喜欢在花丛中飞舞的另一个原因是为后代准备“物资”，也就是食物。蝴蝶通常将卵产在植物上，当卵发育成幼虫时，就能马上吃到香甜甜的花蜜了。蝴蝶在吃花蜜的同时，还可以帮助花朵完成受粉。

“所以我们也应该学习蝴蝶这种破茧而出的精神，在未来人生的道路上越挫越勇。”方块说道。

红桃也跟着点点头，认真地说道：“没错，我们要有永不服输的精神！”

观察蝴蝶的成长过程

学习了蝴蝶的知识以后，同学们想不想再仔细观察一下蝴蝶是怎么成长的呢？不如来做一个实验，亲自感受一下吧！

实验准备： 蝴蝶幼虫，瓶子，青菜叶。

实验目的： 通过观察蝴蝶的成长过程，对蝴蝶有更深入的了解。

温馨提示： 本实验需要用到活的虫子，请小心。

实验过程：

1. 购买一只蝴蝶幼虫，放入瓶子，再放几片干净的菜叶，仔细观察。

2. 观察蝴蝶幼虫的成长和蜕皮。

3. 观察蝴蝶幼虫是怎么变成蛹的。

4. 观察蝴蝶从蛹中破壳而出，变成蝴蝶的过程。

实验原理

蝴蝶的生长过程要经历四个时期：卵期、幼虫期、蛹期和成虫期。

可以观察不同品种的蝴蝶幼虫的生长周期。

关于蝴蝶的那些事儿

我们常见的蝴蝶，体长都在5到10厘米之间，身体分为头、胸、腹；有两对翅，三对足。

蝴蝶的头部有一对触角，看起来就像锤子。在蝴蝶停歇时，这对触角会竖立在背上。

蝴蝶的个头大小差距很大。目前已经知道的最大的蝴蝶是新几内亚东部的亚历山大女皇鸟翼凤蝶，雌性的翼展可达到30厘米，都快赶上我们的胳膊长了。而最小的是阿富汗的渺灰蝶，展翅还不到1厘米。

日常生活中的那些蝴蝶都有着色彩鲜艳的翅膀，也许你会问，那蝴蝶的翅膀就没有什么实用价值吗？当然不是。蝴蝶的鳞片里含有脂肪，可以保护蝴蝶。在下毛毛雨的时候，蝴蝶也可以飞行。当然，要是下大雨，蝴蝶就得找个地方藏起来啦。

1. 蝴蝶幼虫可以从网上购买。

2. 并不是所有的青虫都可以变成蝴蝶。

3. 蝴蝶成长的周期比较长，观察的时候要有耐心。

恐龙生活在三叠纪、侏罗纪、白垩纪这三个时代。

恐龙属于爬行类动物，它们的四肢非常矫健，尾巴很长，身躯也异常庞大。

最早出现的恐龙是什么？ ›››

恐龙为什么会灭亡？

昨天歪博士给方块和红桃打电话，让他们今天来智慧屋玩，说是有“好东西”给两人看。今天 8 点一到，方块和红桃准时出现在智慧屋门口。两个人刚一进屋，就看到博士坐在地上鼓捣着什么，身边还散落着一堆积木碎片。

红桃和方块来到博士身边，也一屁股坐在了地上。红桃好奇地问道：“歪博士，您在拼积木吗？”

博士晃了晃手中的一片积木，点了点头。

“这就是您要给我们看的‘好东西’吗？”方块问。

歪博士低下头一边拼积木一边说：“当然了！你们猜一猜我在拼

什么？”

方块皱着眉，噘着嘴说：“歪博士您这是欺负人，您刚拼了三块，这哪里能看得出形状？”

歪博士笑了起来，又挠了挠仅剩几根头发的脑袋，略带神秘地说：“哎呀，你们先猜一猜嘛！随便猜什么都行！”

方块咂了咂嘴，露出为难的样子，但是也只能硬着头皮毫无根据地猜测了：“我猜是海绵宝宝！”

博士摇了摇头，很显然，他连海绵宝宝是谁都不知道。

红桃对着方块翻了个白眼，又比了一个差劲的手势，然后说：“这些积木里哪有鲜艳的黄色啊？你可真是胡乱猜测！”说到颜色，红桃突然皱起眉头，又仔细看了看这些零散积木的形状，试探着问歪博士：“该不会是某种动物的骨骼吧？”

歪博士听到红桃的回答，双眼简直能放光，兴奋地说：“这是始盗龙的积木模型。”

“恐龙？”方块和红桃瞪圆了双眼，异口同声地说。

“歪博士，这个始盗龙是什么样的恐龙啊？它是最开始学会偷东西的恐龙吗？”方块问道。

歪博士笑着为他解释说：“到目前为止，研究学者认为始盗龙是最古老的恐龙。它们大小和中型犬相近，前肢又短又小，但是后肢却非常粗壮，所以主要利用后肢来行走。”

“只用两个后腿行走的话，始盗龙的脚指头也一定非常有力吧？”方块问。

红桃皱了皱眉说：“说你是文盲你还不乐意，人家那叫足趾。”

歪博士笑了笑，继续说：“原本始盗龙有五根足趾，但是第五根指头早就退化了，所以它在站立时只用中间的三根脚趾。”

“后足和足趾都这么有力，它得吃特别多的肉才能长力气吧？”红桃有些感慨地说。

歪博士接着说道：“始盗龙是肉食性恐龙，但有时候也吃草。”

古生代是地质时代之一，它包含了奥陶纪、寒武纪、志留纪、二叠纪、石炭纪、泥盆纪。其中泥盆纪、二叠纪与石炭纪又被称为晚古生代。恐龙生活在三叠纪、侏罗纪、白垩纪，它们并称为中生代。中生代比古生代晚出现。

红桃继续问道：“始盗龙只靠两只后足活动，它们跑起来一定很慢吧？”

歪博士摇了摇头说：“始盗龙的身手可是非常矫健的，没有猎物可以逃得出它们的猎杀，而且，始盗龙的爪子又尖又利。”

“歪博士，所有恐龙中，你最喜欢哪种呀？是始盗龙吗？”红桃好奇地问。

歪博士拍了拍红桃的头，笑着说："我最喜欢的恐龙是霸王龙，它可是恐龙界最恐怖的杀手。霸王龙不仅身材高壮，它的嘴巴还长着两排锋利的牙齿，被霸王龙咬一口，小型恐龙必死无疑，所以它的嘴巴有'终极碎骨器'的称号。"

听着这令人丧胆的称号，红桃和方块不禁咽了口口水。

恐龙为什么会灭绝？

关于恐龙灭绝的原因说法不一，受到最多人认可的说法是灾变说、争斗说、渐变说。

灾变说：6500万年前，一颗小行星撞上了地球并引起爆炸，烟雾遮蔽了天日，植物无法进行光合作用，导致恐龙灭绝；争斗说：恐龙衰落期，大量哺乳动物以恐龙蛋为食物，导致恐龙灭绝；渐变说：8000万年前，地球大规模变冷，含氧量减少，恐龙无法适应环境，所以灭绝了。

"恐龙界只有霸王龙称霸吗？就没有能和它抗衡的对手吗？"方块提出了自己的疑问。

歪博士回答道："当然有，能够与霸王龙抗衡的另一种恐怖杀手叫异特龙。异特龙的体型比霸王龙小一些，但是它有一条巨大并且粗壮的尾巴，足以横扫对手。不过特异龙也是有短板的，它只适合近距离捕食猎物。"

红桃听后不禁感慨道："如果和这些恐怖的恐龙们生活在同一个时代，人类一定会被灭绝的吧！"

方块也跟着连连点头！

挖掘恐龙化石

学习了恐龙的知识以后，同学们想不想像考古学家一样亲自挖一挖恐龙化石呢？不如来做一个实验，亲自感受一下吧！

实验准备：小刷子、小铲子、带有恐龙化石模型的石膏块。

实验目的：亲自动手挖掘恐龙化石，来了解研究化石的作用自以及了解化石是怎样形成的。

温馨提示：本实验需要用小铲子，需小心。

实验过程：

1. 将石膏块摆放在桌面上，并固定好。

2. 一只手拿小铲子挖掘化石模型，另一只手拿小刷子进行清扫。

3. 挖掘过程中要小心谨慎，不要破坏恐龙化石模型。

4. 挖掘出恐龙化石模型后，将化石模型清洗干净并晾干。

实验原理

化石是古代的动物、植物等遗体埋藏在地下而形成的石头。

脆弱的微生物例如昆虫、水木也可以形成化石。

发现“恐龙蛋”

2013年7月，深圳的夏天酷热难耐，人们的心也跟着躁动不安。就在这时，一场超强降雨来临。虽然带来了短暂的凉爽，但坪山区发生了崩塌事件。万幸的是，发生坍塌的地段是一处边坡，并没有造成人员伤亡。为了确保路段安全，地质巡查人员来到现场进行调查。

巡查人员在调查时发现，崩塌的堆积物中有几块长相奇怪的石头，并且这些石头长得非常像蛋壳。很多人都猜测这些石头是恐龙蛋化石，听到“恐龙蛋化石”这几个字，大家都表现得非常兴奋，因为深圳在此之前从来没有发现过恐龙蛋化石。如果这些真的是恐龙蛋化石，这将会是一项重大发现。于是巡查人员立刻向深圳市规土委做了汇报，并将这些怪石头带回了规土委坪山管理局。专家鉴定后，肯定这些怪

石头就是恐龙蛋化石。

2014 年，专家们进一步鉴定，认为在坪山区发现的化石是近圆形的恐龙蛋化石，体型属于小型，属于国家重点的保护化石。

1. 恐龙在白垩纪的时候消失不见。
2. 在中生代的地质层中发现了许多恐龙化石。
3. 地球被恐龙统治了大约 8000 万年。

方块养鱼

脊椎动物分为五类，分别是两栖类、爬行类、哺乳类、鸟类、鱼类。

鱼属于脊索动物亚门，主要分为温带鱼、热带鱼、冷带鱼。

鱼为什么无法闭眼睡觉？

鱼是怎样呼吸的？

暑假临近尾声，老师给学生们布置了新的作业——养鱼。因为歪博士喜欢养鱼，所以智慧屋里有现成的鱼缸和鱼食。在征得歪博士的同意后，红桃和方块就将鱼养在了智慧屋。

红桃养的是性格温和的孔雀鱼，这种鱼对生活环境的要求很低，非常好养活，并且它们长得还漂亮，所以红桃非常喜欢它们。方块养的是长着“肿眼泡”的金鱼，不过他的养鱼计划并不顺利，因为他已经养死五条鱼了。

这天一早，方块和红桃又来到智慧屋照看他们的宝贝鱼儿，“歪博士早！”两个人微笑着同歪博士打招呼。

“早啊！”歪博士对方块说，“有一个坏消息要告诉你，最后一条小金鱼也死了。”

听到这个消息，方块叹了口气说：“最后一条小鱼儿也离我而去了。”

方块没搭理红桃，又自顾自地嘟囔道：“我要去看看那条死掉的鱼儿。”

红桃和歪博士也跟着方块来到鱼缸前，只见那只小金鱼早已翻着白肚皮，漂浮在水面上了，方块看着死掉的鱼儿，又看看红桃养的鱼儿正自由自在地游着泳，心里很不是滋味。

“歪博士，鱼儿死掉之后为什么都翻着肚皮？”红桃开口问道。

“鱼的身体里有鱼鳔，而鱼鳔里所含气体的多少决定了鱼的上浮和下沉。”歪博士解释道，“当鱼鳔内的气体膨胀，鱼在水中产生的浮力变大，它们就能够上浮了。”

红桃紧跟着说：“这么说来，鱼儿想要下沉的话，就要从鱼鳔内释放一部分气体是吗？”

歪博士点点头说：“没错。可是当鱼即将死亡时，它们会非常用力地呼吸，鱼鳔内充满了大量气体，背部的密度比腹部大，所以鱼死后才会肚皮朝天。”

红桃和方块两个人连连点头，方块接着提出了自己的疑问：“歪博士，鱼为什么不会被憋死呢？”

红桃看着方块，皱着眉说：“说你缺乏常识你还不承认，当然是因为鱼有鳃啊！”

方块挠了挠头，着急地解释说：“哎呀，我不是这个意思，我是说鱼儿们是怎样通过鳃来进行呼吸的呢？”

歪博士解释说：“鱼鳃长在嘴的两侧，由鳃弓、鳃丝、鳃耙这三部分组成。每一片鳃上都长着鳃小片，这些鳃小片呈突起状。鱼在水中时，水先通过口腔进入鳃小片，因为水流动的方向与鳃小片中微血管的流动方向相反，这时气体进行交换，鱼就可以呼吸了。”

鱼类有腥腺，它们分布在身体的两侧，呈白色。腥腺能持续分泌一种黏液，这种黏液里含有三甲胺。三甲胺则带有腥味。三甲胺在常温下很容易挥发，所以鱼闻起来是腥的。

方块听着歪博士的解说，眼睛还直勾勾地盯着另一个鱼缸里的孔雀鱼，然后问：“歪博士，这些鱼儿在水里一动不动的，它们在干吗呢？”

“当然是在睡觉了！”红桃回答道。

“睁眼睡觉？”方块瞪圆了双眼，接着说，“鱼儿们一直睁着眼睡觉，不会影响睡眠吗？它们难道不会长黑眼圈吗？”

红桃和歪博士听见这话，“扑哧”一声笑了出来，红桃说道：“鱼又不是人，它们才不会长黑眼圈好嘛！”

歪博士接着为方块解释说：“绝大部分的鱼类在睡觉时眼睛都是睁开的，因为它们没有眼睑。但是有些鱼是有眼睑的，不过呢，它们的眼睑是不会动的，并且是透明的。”

为什么热带鱼都有非常漂亮的外表？

在热带海洋中，生活着许多色彩斑斓的珊瑚树和珊瑚礁，当然，热带鱼也和这些珊瑚生活在一起。热带鱼为了躲避敌人的追杀和侵害，就把自己“打扮”得漂漂亮亮的，一旦发现了捕杀者，它们就可以躲避在珊瑚丛里，快速融入周围的环境。

方块听完，认真地点了点头，接着视线落在了孔雀鱼的身上，红桃感觉“不妙”，于是将鱼缸抱在怀里，然后对方块说：“你这个‘一养没’离我的小鱼儿们远点，我可不想我的鱼也跟着短命。”

方块噘着嘴说：“切，我就是看看而已，我才不想养你的孔雀鱼呢，我还是继续养金鱼。”

估计又要有鱼儿遭殃了，红桃暗想。

鲫鱼的解剖

学习了鱼类的知识以后，同学们是不是对鱼类产生了兴趣呢？不如来做一个实验，亲自感受一下吧！

实验准备：新鲜鲫鱼、解剖刀、解剖盘、解剖器、脱脂棉、一次性手套。

实验目的：通过观察鱼的外形、结构以及对鱼的解剖，来了解鱼的结构特征以及简单的解剖方法。

温馨提示：本实验需要用到解剖刀，请小心。

实验过程：

1. 将鲫鱼放在解剖盘中，先观察鲫鱼的外形特征，并认识鱼鳞、鱼鳃等结构。

2. 用解剖刀取下一片鳞片并进行观察。

3. 沿着鲫鱼的腹部进行解剖，并用棉花擦拭流出的血液。

4. 观察鲫鱼身体的内部结构。

实验原理

鱼类拥有消化系统、生殖系统、排泄系统。

我们可以通过比较鱼的体型、鳃盖、腹部、繁殖期等判断性别。

鱼为什么离不开水？

如果我们不小心掉进水里，很有可能会有生命危险。可是，鱼儿每天生活在水里，就没有被淹死，反而是如果被捞出来，就会很快死去，这是为什么呢？

因为鱼和我们不一样，它不是用肺呼吸，而是用鱼鳃。鱼鳃里面的鳃丝上有大量的微血管。水流经过的时候，鱼就可以完成呼吸，获取氧气。一旦鱼离开水，它的鳃丝就会粘在一起，无法获取氧气，导致鱼被憋死。

另外，鱼在水里是可以找到食物的，一旦离开水，鱼儿几乎就没办法活动，更没法获取食物，那很快就会饿死。

还有一些鱼生活在水比较深的地方，已经习惯了这里的水压。一旦离开水，它们可能会因为无法适应压力的变化而死亡。

1. 鲫鱼的生殖系统由生殖腺和生殖导管两部分组成。

2. 鲫鱼的消化系统是由消化管和消化腺体组成，其中消化管由咽、食管、口腔、肠和肛门组成。

3. 鲫鱼的排泄系统有肾脏、输尿管和膀胱三部分。

蜜蜂的一生有四种变化，分别是卵、幼虫、蛹、成虫。
蜜蜂是一种群居动物，属于膜翅目、蜜蜂科。

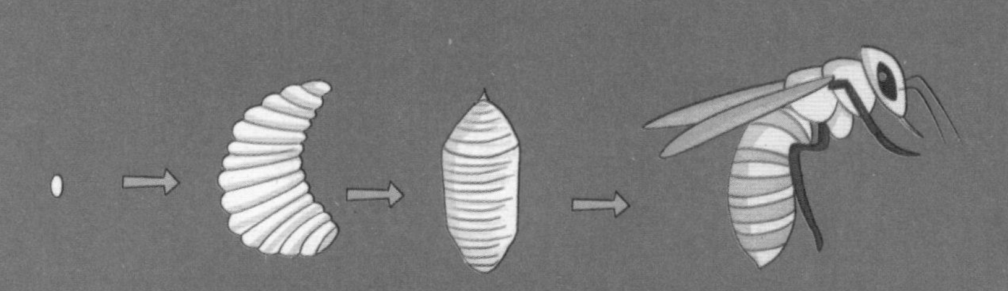

蜜蜂是怎样采集蜂蜜的？

蜜蜂为什么会蜇人？

这天，方块、红桃、梅花三个人约定好一起来找歪博士玩。智慧1号刚打开门，一阵笑声便传了进来。歪博士仔细一听，是梅花和红桃的笑声急忙赶来，想看看究竟发生了什么事。

歪博士被眼前的一幕惊呆了——方块脸庞红肿，很是委屈地摆弄着衣角，旁边是笑得上气不接下气的红桃和梅花，两个人笑得眼泪都流出来了。

歪博士又一次打量着方块的模样，也忍不住笑起来，“方……哈哈哈……方块……你的脸怎……么了？”在歪博士眼里，他就是个发面大馒头。

听见歪博士的笑声，红桃和梅花笑得更大声了，梅花捂着笑痛了的肚子说：“歪博士，你快看方块的脸，真是太好笑了。”

一旁的红桃擦了擦脸上因为大笑而流出的眼泪，平复了一下心情说：“他被蜜蜂蜇了！”

此时方块的内心更加觉得委屈了，他很想流露出难过的神情，但是因为整个脸都肿着，他做不出任何表情。

歪博士止住了笑声，清了清嗓子说：“方块你去干什么了？怎么会被蜜蜂蜇了？”

还没等方块开口，梅花接着说：“前几天，方块和他爷爷回了趟老家，顺道去看望了隔壁的王奶奶。王奶奶是个养蜂人，院子里全都是蜜蜂，方块玩耍的时候不小心碰到了蜂巢，所以被蜜蜂蜇了。”

方块艰难地噘起嘴，不满地说："你们两个当我是空气吗？我会说话的好吗？"

红桃拍了拍方块的肩膀说："有什么关系嘛！反正这都是你刚才在路上告诉我们的。"

方块"哼"了一声，然后侧头看向歪博士说："歪博士，为什么蜜蜂蜇人后会死掉呢？"

歪博士解释道："蜜蜂的肚子上长着毒针，毒针是由两根腹刺针和一根背刺针组成的。腹刺针有些特别，它的尖端是长着锯齿的倒钩，当毒针刺入人的身体时，倒钩就会勾住人的肉，又因为毒针可以释放毒液，所以人被蛰后会感到疼痛，被蛰的地方就会肿起来，就像方……哈哈哈……"歪博士看到眼前的"大馒头"，再一次大笑起来。虽然他知道这样很不礼貌，可就是忍不住。

方块无奈地摇了摇头，又叹了口气说："歪博士，您不要只顾着嘲笑我。说说蜜蜂到底为什么蜇了人就会死呢？"

歪博士挠了挠头说："不好意思，我继续说，蜜蜂身上的刺针与内脏连在一起，当毒针插入人体内，如果强行拔出来，蜜蜂的内脏也会跟着出来，蜜蜂就会死去。”

蜜蜂是一种群居的昆虫，身长 8~20 毫米，黄褐色与黑褐色偏多，身体上布满了绒毛。蜜蜂有膝状的触角，椭圆形的复眼，后足可以携带花粉。蜜蜂前翅较大，后翅较小，腹部椭圆形，藏有毒针。

“歪博士，您能给我们讲讲蜜蜂是怎样采蜜的吗？”梅花问道。

歪博士说：“蜜蜂采蜜之前，会先派出一批‘小兵’蜜蜂去寻找蜜源，等找到了合适的蜜源，它们就会集体出去采蜜。采蜜时，蜜蜂落在花盘上，并在雄蕊的底部插入一只小管，用小管来采集花蜜，它们都是先从最外边的一层开始采……”

“歪博士，歪博士，”红桃打断了歪博士的讲话，“蜜蜂吸取花蜜的小管是不是和我们喝可乐的吸管差不多？”

歪博士点点头继续说：“蜜蜂采完一朵花，再跑到另一朵花上去吸取花蜜。工蜂的蜜囊最多可以盛 40 毫升的花蜜，所以工蜂出一趟门需要采集几十朵甚至上百朵花才能将蜜囊填满。”

蜜蜂为什么“跳舞”？

最先派出的一批“小兵”找到合适的蜜源后，它们就会跳舞。不过“小兵”们并不是因为高兴才跳舞，而是为了给伙伴们传递信息——蜜源的距离与方向。当蜜源距离较近时，蜜蜂们会跳圆圈舞；当距离蜜源较远时，它们就跳“8”字舞。另外，如果跳舞时，蜜蜂的头在上面，这就意味着蜜源面向着太阳，反之则表示蜜源背对太阳。

“小蜜蜂们可真是既勤劳又辛苦啊！”方块感慨着。

“对啊，还得时不时蛰你这种‘傻瓜’，当然辛苦了。”红桃说。

歪博士、梅花、红桃全都哈哈大笑起来。

观察小蜜蜂

经过对这个故事的学习，同学们是不是对小蜜蜂产生了兴趣呢？不如来做一个实验，亲自感受一下吧！

实验准备：一只刚死掉的蜜蜂、放大镜、镊子、一次性手套、大头针、泡沫板。

实验目的：观察蜜蜂的外形、结构，对蜜蜂有更深刻的认识。

温馨提示：本实验需要用到蜜蜂，收集时请小心。

实验过程：

1. 首先戴上一次性手套，收集刚死掉的蜜蜂（如果蜜蜂的尸体僵硬，需要先做软化处理）。

2. 用大头针将蜜蜂固定在泡沫板上。

3. 用放大镜观察蜜蜂的外形结构。

实验原理

蜜蜂属于昆虫，也具有与昆虫一样的特征。

蜜蜂一直过着母系氏族的生活，它们受蜂后的“统治”。

张仲景的“蜜煎导方”

东汉末年，有一位著名的医学家名叫张仲景。张仲景年少时跟随名医张伯祖学习医术，因为天资聪颖，所以进步神速。

有一天，一位精神不振、唇干舌燥的患者来拜访张伯祖。张伯祖诊断后，认为该患者热邪伤津，所以导致便秘。张伯祖想用泻药帮助患者排便，但是患者身体非常虚弱，根本无法使用泻药。张伯祖思忖着，一时竟没了法子。正在这时，张仲景对张伯祖说：“老师，学生有一法子！”听着张仲景说完自己的想法，张伯祖紧皱的眉头舒展了许多。

得到老师的许可，张仲景将黄色的蜂蜜放入碗中，随后又将碗放在火上慢慢煎，并不时用竹筷搅拌，蜂蜜逐渐变得

黏稠。等到结成团的蜂蜜稍凉，张仲景将蜂蜜块揉搓成细条状，并将尖尖的一头塞入了患者的肛门。一会儿的功夫，患者就拉出了大量粪便，人也顿时精神了很多。不出几日，患者便康复了。经过这件事，张伯祖对张仲景赞赏有加，更是逢人就夸自己的优秀徒儿。事实上，张仲景利用蜂蜜帮助患者排便就是现代医学药物灌肠的“前身”。

从这以后，张仲景在写《伤寒杂病论》时，将这个方法收入书中，并且取名为“蜜煎导方”。

1. 雌蜂的个头比雄蜂大，主要负责生殖。

2. 雄蜂主要负责与雌蜂交配，交配后立即死去。

3. 工蜂的生殖器发育不健全。

模仿大师

猴子是动物界最高等的生物。

猴子具有四肢细长、大脑非常发达、眼距较近、大拇指灵活等特征。

猴子为什么喜欢模仿人的动作？

猴子的屁股为什么是红色的呢？

星期六，歪博士带着红桃、方块、梅花来动物园观赏小动物。因为红桃非常喜欢大熊猫，所以他们一行人先去了熊猫馆，去观赏可爱的国宝们。

四个人来到栅栏前，就看见一只肥嘟嘟的熊猫坐在草地上吃着嫩绿的竹子，那憨憨的样子非常可爱。这时，旁边一只体型较大的熊猫爬上了树枝，但是因为它的屁股全是肉，不小心卡在了树枝之间，最后被饲养员“解救”出来。这行为惹得游客们哈哈大笑。随后歪博士一行人又来到了猴山，见到了活泼可爱的小猴子，这下可给方块高兴坏了。方块激动地喊道：“你们快看，那只最小的猴子在吃香蕉。”

可能是方块的喊声惊动了猴子，一只正在荡秋千的猴子向方块跑来。这只小猴子坐在距离方块不远处，目不转睛地盯着他，好像在打量他似的。方块非常激动，伸出手向小猴子打招呼，神奇的是，这个小猴子也学着方块的动作，摇晃着毛茸茸的手臂。

方块激动地跳了起来，并拍了拍歪博士的胳膊说："歪博士，您看见了吗？这只猴子在和我打招呼！"

歪博士咧嘴笑着，还没等他说话，梅花声音传了过来："这有什么可大惊小怪的，猴子本来就会模仿人类的动作。"

红桃接着说："是因为猴子和人都属于灵长类动物吗？"

梅花点了点头说："猴子的大脑和人类的大脑比较相近，它们同样具有思维能力和超强的记忆力，所以可以模仿人类的复杂动作。猴子可以说是模仿大师。"

"梅花说得对，"歪博士肯定道，"又因为猴子的前肢比后肢短，所以猴子可以直立行走。"

正在这时，饲养员给猴子们分发食物，盯着方块的这只猴子拿起一个苹果吃了起来。

方块大喊："你们看，猴子在吃苹果！"随后又感慨道，"它们的手可真灵活啊！"

歪博士拍了拍方块的头，笑着说："因为猴子的拇指比较长，所以它们很擅长抓东西和握东西。"

也许是因为吃饱了饭，猴子们变得更加活泼了，有几只小猴子在秋千上荡来荡去，还不时对着游客们做鬼脸。最引人注目的是坐在山顶上的两只猴子——一只体形较大的猴子认认真真地给另一只猴子"捉虱子"，享受"服务"的猴子美滋滋地晒着太阳，这场景实在是太惬意了。

大多数猴子都以半树栖或者树栖方式生活，但是只有狒狒、叟猴和环尾狐猴以地栖的方式生活。猴子通常过群居生活，并且通常在白天活动，只有指猴、夜猴等少数猴子在夜间活动。

方块指着山顶上的猴子说：“你们快看，那只猴子在捉虱子吃！”

梅花斜着眼瞥了瞥方块，又用高冷的语气说：“大哥，那只猴子并不是在吃虱子好吗？”

方块看着梅花，又看了看歪博士，不禁皱起眉头。

梅花继续解释说：“猴子们互相翻弄对方的皮毛，并从里面找东西吃。其实它们并不是在吃虱子，而是在吃盐粒。”

“什么？盐粒？”方块的眼睛瞪得像铜铃一般大。

梅花没有理会方块，继续说：“因为猴子活泼好动，所以身体会出很多汗水，汗水挥发以后形成的盐会和污垢变成盐粒。当猴子们觉得身体缺少盐分时，就会吃同伴身上的盐粒。”

猴子的屁屁为什么是红色的呢？

猴子刚出生时，屁股就是红色的，颜色很浅。当猴子逐渐长大后，屁股越来越红，同时也长满了毛。猴子非常喜欢坐着，屁股经常与地面接触，蹭来蹭去，毛被磨掉了，红色的屁股就露出来了。当猴子逐渐变老时，屁股的颜色会越来越浅。所以我们可以根据猴子屁股颜色的深浅来判断它们的年纪大小。

方块歪头看了看歪博士，只见歪博士点了点头，证明梅花说的是正确的。

方块回过头去，又看到了正在吃盐粒的猴子，先是做出了呕吐状，然后说道：“猴子吃的盐粒中还有污垢，那些污垢中是不是还有皴啊？真恶心！”

红桃没听到方块在说什么，于是重复了一遍：“啥玩意儿？皴？那是啥？”

方块咧着嘴说：“哎呀，就是人体代谢的污垢。俗称皴。”

歪博士和梅花大笑起来。

拼“猴子”

经过对这个故事的学习，同学们是不是对小猴子产生了兴趣呢？不如来做一个实验，亲自感受一下吧！

实验准备：水彩笔、画纸、猴子图片、剪刀。

实验目的：通过观察猴子的照片，对照图片画出猴子的图像，并认识不同种类的猴子以及外形特征。

温馨提示：本实验需要用到剪刀，请小心。

实验过程：

1. 将自己喜爱的猴子图片打印在卡纸上。

2. 认真观察所选猴子图片的外形特征，并对照图片在纸上画出猴子的样子。

3. 画好后，用剪子将画好的猴子各部分剪开备用。

4. 两人为一小组，互相交换“猴子碎片”，当对方拼好后，互相讲述自己选择的猴子的特点以及特征。

实验原理

猴子属于灵长类动物，但每种猴子都有自身特点。

侏儒眼镜猴是世界上最小的猴子，身高只有11厘米。

朝三暮四

宋国有一个老人很喜欢猴子，就在家里养了几只。时间长了，他们好像有了默契，老人可以理解猴子的意思，猴子也能知道老人的想法。

老人十分心疼这些猴子，为了让它们吃得好一点，甚至不惜缩减家里的口粮。

有一年，村里闹了饥荒，连人都吃不饱饭了，老人就没有多余的粮食喂养猴子了。他没有办法，只好决定缩减猴子们的口粮。可是，猴子们都非常聪明，如果被它们发现口粮少了，一定会不高兴的。老人想来想去，终于想到了办法。

老人来到猴子们面前，说："从明天开始，我每天早上给你们三颗橡子，晚上给你们四颗，可以吗？"

猴子们一听粮食减少了，都非常生气，龇牙咧嘴地站了起来。

老人见状，急忙说："那这样吧，早上四颗，晚上三颗，怎么样？现在粮食不够吃，我都没有缩减你们的口粮，你们可要知足。"

猴子们一听，早上四颗，晚上三颗，都以为数量增加了，都十分高兴，顺从地趴在了地上。

猴子们并不知道，其实橡子的总数并没有增加，只不过是给的顺序变了而已。后人就从这个故事里提炼出一个成语，叫做"朝三暮四"，也就是说人反复不定，刚说过的话就不算数，或者做事经常变更，刚决定好的事情就变了。

1. 与其他哺乳类动物相比，猴子具有分辨色彩的能力。

2. 猴子每一年可繁殖 1~2 次。

3. 猴子通常以水果、种子、坚果、植物的叶子为食。

喔喔鸡

鸡是家禽的一种，有火鸡、野鸡、乌鸡等种类。
鸡的全身都是宝，鸡冠、鸡冠血、肝、胆等部位都可以入药。

鸡有哪些外形特征？
如何区分公鸡和母鸡？

这天下午，红桃和方块正在写作业，他们因为一个问题产生了分歧，于是决定来智慧屋与歪博士探讨。他们来到智慧屋，按响门铃，却无人来开门。

方块皱着眉头对红桃说："难道歪博士没在家？"

"不会吧，即使歪博士不在家，智慧 1 号也应该在啊！"红桃回应道。

正当红桃再次按响门铃时，门打开了，智慧 1 号像往常一样站在门口迎接方块和红桃。但是与以往不同的是，智慧 1 号的衣服上沾满了鸡毛，就连头上也插着两根棕色的鸡毛。

"噗！"红桃和方块两个人看见智慧 1 号这副模样，忍不住大笑起来，方块一边笑一边说："智慧 1 号你是掉进鸡窝里了吗？怎么全身都是鸡毛啊！"

"呸！"智慧 1 号吐着嘴里的鸡毛，又摆出了一个无奈的姿势说，"我和歪博士在捉鸡。"

正说着，一只鸡飞了出来，以非常矫健的姿态向小花园跑去。紧接着，歪博士出现了，他努力追赶着那只鸡，汗水顺着脸颊流下来，身上和手上全都沾满了鸡毛，那样子比智慧 1 号还惨。

追赶中，歪博士看见了红桃和方块，他对着两个人比画了一个前进的手势，并大喊道："愣着干吗？捉鸡啊！"

"哦！"方块和红桃两个人先是一愣，但很快反应过来，也加入了

“捉鸡阵营”。

“你们两个小心点，这个鸡的脾气很暴躁，会啄人，千万不要受伤。”歪博士叮嘱道。

歪博士的话音刚落，这只鸡突然停了下来，安安静静地站在已经盛开的百合花旁边，三个人认为捉鸡的时刻来了，歪博士对着两人比画一通，大意是红桃和方块分别从左右两侧包抄，他自己则从前方拦截，然而，红桃和方块根本没理解歪博士的意思，他们两人一起向鸡扑去，一下子将鸡捉住了。

将鸡关进栅栏里，三个人全都瘫坐在地上，方块喘着粗气问：“歪博士，这鸡是怎么回事啊？”

歪博士擦了擦头上的汗水说：“最近在做和鸡有关的研究，所以买来一只活鸡研究研究。”

方块看着笼子里的鸡，又看了看歪博士，问：“歪博士，鸡也长着翅膀，但它们为什么不会像鸟儿一样飞翔呢？”

公鸡和母鸡是有区别的，公鸡通常长着圆眼睛，大鸡冠，并且会打鸣，而母鸡的头和鸡冠较小，只会咕咕叫，并且可以下蛋。公鸡通过打鸣来宣示自己的“主权”，一方面为了保护成员不被欺负，一方面显示自己“崇高”的地位。

歪博士回道：“经考证，鸡的祖先是一种会飞的鸟，但是后来被人类驯化，变成了家禽的一种。因为生活在狭窄的环境中，鸡的翅膀逐渐退化，身体也变得越来越沉重，所以它们不会飞。”歪博士咳嗽了两声，继续说：“但是呢，当鸡遇到危险的情况时，也会扑腾翅膀，就像刚才一样。”

方块歪头看了看正在吃沙子的鸡，他的小脑瓜里又充满了疑惑，于是问歪博士：“歪博士，鸡为什么吃沙子啊？它们的胃难道是铁做

的吗？”

红桃听见方块的话，也不禁皱起眉头，很显然，他也不知道这是为什么。

歪博士解释说：“石子和沙子可以帮助鸡来消化食物。因为鸡没有牙齿，它们吃东西基本靠吞，将谷子等食物整个吞下去后，很难在胃里被消化，所以需要用石子或沙子来磨碎食物。”

鸡为什么喜欢在草丛里来回扑腾？

鸡喜欢在草丛里扑腾并不是在寻找食物，而是在洗澡！鸡的身体里缺少一种腺体，所以无法分泌皮脂，一旦遇到水，全身都会被打湿，体重也会增加从而沉入水中，所以鸡无法在水里洗澡。鸡们在草丛里扑腾，是因为它们的羽毛沾满了土、沙子等杂物，这样一扑腾，藏在羽毛里的寄生虫、脏东西就被抖落掉了，身体也变得干净、清爽很多。

正在这时，这只鸡突然打鸣了，红桃和方块吓了一跳。

“歪博士，公鸡为什么白天打鸣呢？”红桃问道。

歪博士回答说：“因为公鸡的视觉很差，它们在夜里什么都看不见，所以会非常没有安全感，清晨来临，它们可以看清楚周边的事物，所以非常兴奋，于是就喔喔喔开始打鸣，时间一长人们也就习惯了。”

红桃和方块认真点了点头。

鸡骨实验

经过对这个故事的学习，同学们是不是对鸡产生了浓厚的兴趣呢？不如来做一个实验，亲自感受一下吧！

实验准备： 鸡的骨头（鸡翅膀、鸡大腿等部位不限）、盘子、镊子。

实验目的： 利用鸡的骨头拼凑出一个完整的部位或一整只鸡，了解鸡的骨骼结构。

温馨提示： 本实验需要用到鸡的骨头，收集鸡骨时需要小心。

实验过程：

1. 收集鸡的骨头，清洗干净后并晾干。

2. 将骨头放在盘子中，利用鸡的骨头拼凑出鸡的翅膀或者鸡腿（其他部位也可以）。

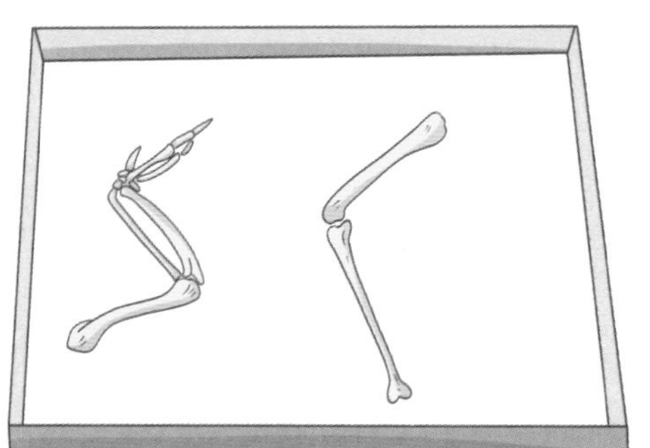

3. 观察拼好的鸡翅膀等部位，并认识鸡的骨骼结构。

4. 两人为一小组，进行讨论。

实验原理

鸡属于脊椎动物门，并不是哺乳类动物。

鸡是一种非常美味的家禽，可以做成盐酥鸡、咸水鸡等美食。

闻鸡起舞

晋代有一个名叫祖逖的人，小时候是一个贪玩又顽皮的孩子。长大之后，祖逖意识到自己才疏学浅，无法为国家效力，于是发奋读书。他阅读了大量的书籍，在书中汲取了很多知识，学问也大有进步。祖逖 24 岁的时候，一位智者推荐他去做官，但是祖逖并没有答应，而是继续安心读书。

几年以后，祖逖与非常要好的朋友刘琨一起担任司州主簿，因为两人的感情非常深厚，他们经常睡在一张床上，盖

同一床棉被。不仅如此，两个人更是有着同样的理想抱负：光复晋国，为国家做出贡献。

一天夜里，正在睡觉的祖逖听见了公鸡打鸣，他突然惊醒，随后一脚踢醒了刘琨，并对他说："很多人都说夜晚听见鸡打鸣是不吉利的事，但是我不这样认为，从明天开始，咱俩听见鸡鸣就起床练剑怎么样？"刘琨点头答应了。

从这以后，每当鸡开始鸣叫，祖逖与刘琨就起床练剑。年复一年，日复一日，两人一直坚持练剑。经过长时间的刻苦训练，他们成为了文武全才，不仅能写出锦绣文章，还能带兵出征，得到了国家的重用。

1. 鸡屁股中除了含有大量脂肪，还含有有毒物质。

2. 鸡只有一个嗉囊，并处于食管的膨大部。

3. 鸡的肺部有些特别，呈扁平状的四方形。

自由的小鸟

鸟是脊椎动物的一种，全身覆盖着羽毛，用肺呼吸。

全世界现存的鸟类有 9020 种，分布在我国的鸟类约 1250 种。

鸟儿为什么可以在天空飞翔？ >>>

鸟儿为什么会“唱歌”？

这天，歪博士要对智慧屋进行大扫除，虽然平时打扫的工作都是交给智慧 1 号来做，但是智慧 1 号最近学会了偷懒，对待“工作”总是很敷衍，所以歪博士打算自己给智慧屋来个大扫除，巧的是，红桃和方块也来帮忙了。

红桃和方块负责打扫小花园，正值夏天，百合花、木槿花、丁香花全都开了，夹杂在绿油油的叶子中，别提多好看了！鸟儿们也喜欢绕着小花园飞来飞去。

正在给花浇水的方块捅了捅红桃，并小声说：“你快看，那里落着一只小鸟。”

红桃抬头看了看那只鸟，忍不住喊道：“啊！真的啊！那里落着一只喜鹊！”

由于红桃说话的声音太大，喜鹊被吓跑了。

方块咂了咂嘴说：“哎，喜鹊就喜鹊呗，你喊什么啊？你看你把人家小喜鹊都吓跑了。”

红桃低下了头，小声说：“我就是有点激动，真的不是故意吓走它的。”

方块拍了拍红桃的肩膀，安慰道：“哎，没事啦，它本来也在树枝上停留很久了，也该睡饱了，是时候活动一下了！”

红桃皱起眉头说：“你确定那只鸟儿是在树上睡觉吗？它不会掉下来吗？”

“当然不会啦，因为鸟儿有特殊的身体构造呀！”歪博士不知什么时候站在了院子里。

听到歪博士的声音，红桃和方块一齐看向了他。

歪博士接续说：“鸟儿的腿虽然很细，但它的上半部分全都是肌肉，下半部分只有一条筋和骨头。当鸟儿落在树上时，腿一弯曲，腿上的筋会带动脚趾一起弯曲，脚趾就可以勾住树枝了。”

红桃接着说：“所以鸟儿在睡觉时，腿一直是弯曲的，脚趾可以牢牢勾住树枝，就不会掉下去，是吗？”

歪博士笑着点了点头。

方块一把搂住红桃的脖子说：“哎呀，红桃你很优秀嘛！都可以抢答了！”

“不过歪博士，鸟儿是怎么在天空飞翔的呢？”方块提出了自己的疑问。

红桃咧着嘴说：“当然是忽闪着翅膀飞上天的喽！”

方块回应道：“我当然知道鸟儿靠翅膀飞翔。”

歪博士眯着眼睛笑了笑，然后说：“鸟儿们的身体结构是非常利于飞行的。首先，它们的身体是流线型的，这种体型可以减少空气阻力；第二，也就是你们说的，翅膀可以帮助鸟儿飞行；第三，鸟的身体里都是小型的骨头，体重很轻，适合飞翔；第四，鸟儿有独特的呼吸系统。”

鸟类的羽毛分三种类型，正羽、毛羽、绒羽。正羽的两侧生长着许多羽小枝，羽小枝上又生长着钩或槽，前后挨着的羽小枝勾连在一起，因此组成了扁平并且富有弹性的羽片。绒羽则具有纤细的羽轴。

正说着，又一只小鸟落在了墙外的树上，方块的脑海里又生出了一个疑问，于是问歪博士：“我们人类长时间运动、行走会感到疲倦，鸟儿在飞行时也会感到累吗？它们不会在飞行时打瞌睡吗？”

红桃打趣地说：“如果鸟儿们飞着飞着睡着了，就会出交通事故了吧！”

方块也跟着应和道：“可不是嘛，这对自己和其他鸟儿都太不负责了。”

这两个孩子明显将鸟儿当成人类了，歪博士这样想着不禁笑了笑，随后认真解释着说：“如果飞行太久，鸟儿们也会感到疲倦。只有在遇到危险情况或是捕食时，鸟儿们才会加速并且长时间飞行，正常飞行的话，它们的飞行速度是很慢的，这样一方面可以节省体力，一方面可以持续飞行。”

歪博士解释完，就看见方块眨巴着大眼睛看着自己，歪博士略微皱起眉头说道："怎么了？我说错了吗？"

方块还没回答，红桃抢先说道："哎呀，歪博士，您还没回答方块的第二个问题呢，鸟儿们会不会在长途飞行时睡着呢？"

为什么小鸟能撞掉飞机？

飞机在空中飞行时，飞行速度是非常快的，然而速度越快，对外来物体的冲击力也就越大。小鸟的个头小小的，身体也很瘦弱，但是它们对飞机的威胁犹如一颗小型炮弹，飞机是会被小鸟撞坏的。所以为了防止小鸟撞上飞机，从而造成事故，机场工作人员会在飞机起飞之前驱散小鸟。这不仅是对飞机上的乘客负责，同时也是为了保护鸟儿们的安全。

歪博士说：“有些鸟儿确实可以一边飞一边睡觉，比如一些鸥类就具有这样的‘特异功能’，它们甚至可以飞行十几个小时。”

红桃和方块听完，点了点头，然后又愉快地给小花园做大扫除了。

解剖家鸽实验

经过对这个故事的学习，同学们是不是对鸟产生了浓厚的兴趣呢？不如来做一个实验，亲自感受一下吧！

实验准备：家鸽尸体、家鸽的骨骼标准图、解剖盘、剪刀、骨剪、镊子。

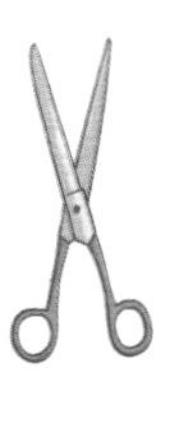

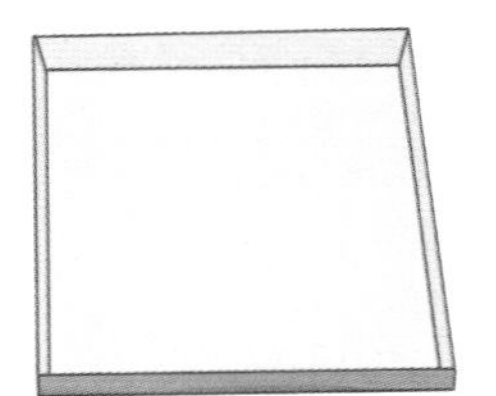

实验目的：通过观察家鸽的外形结构以及对家鸽进行解剖，对家鸽以及鸟类有清晰的认识。

温馨提示：本实验需要用到家鸽，可以在父母的帮助下，从菜市场购买可食用的鸽子，由商家帮忙处理。

实验过程：

1. 将事先准备好的家鸽尸体去毛，清洗干净后并擦干。

2. 将家鸽放入解剖盘中进行观察。

3. 用剪刀顺着家鸽的腹部进行解剖，观察家鸽身体的内部结构。

4. 用骨剪对骨骼进行分离，并用镊子等工具对照家鸽骨

骼标准图进行骨骼还原。

实验原理

家鸽的身体呈流线型，全身可分为头、颈、躯干、尾巴、翅膀、足。

天鹅、鸳鸯、大雁、海鸥都属于鸟类。

惊弓之鸟

战国时期，魏国有一个叫更羸的人，非常擅长射箭。有一天，魏王带着更羸来到郊外打猎，只见一只大雁从两人的头顶飞过。更羸对魏王说：“大王，我只要拉一下弓，根本不用射箭，这只大雁就会掉下来。”魏王感到非常好奇，于是问：“你已经拥有了如此高超的技术了吗？只要拉开弓便能射鸟？”更羸回答：“是的。”正在这时，大雁飞近了，只见更羸拿起弓，没有放箭，只拉了一下弓弦，“嘭——”一声，这只大雁就从半空中掉落下来。

魏王大吃一惊，大声说道：“这种事居然真的发生了！”于是询问更羸是如何不用箭就将大雁“射”下来的。更羸说：“因为这是一只受过伤的大雁。”魏王更加疑惑了。更

嬴看了看魏王疑惑不解的神情，继续说："这只大雁不仅飞得很慢，而且一直发出哀鸣。它孤零零地飞着，一定脱离同伴很久了。它的伤口还在作痛，心里一定感到非常害怕，当听到弓弦的声音后，害怕再次受伤，所以拼命向高处飞去，一使劲，即将愈合的伤口又裂开了。伤口疼痛，根本飞不动，这只大雁也就从空中掉落下来了。"

后来便有了"惊弓之鸟"这个成语，用来形容原本受过惊吓的人遇到一点儿事情就会非常害怕。

1. 鸟类具有循环系统，主要包括心脏、动脉、静脉、淋巴管。

2. 鸟类的呼吸系统包括：鼻、咽、气管、肺、气囊。

3. 雄性鸟类的泄殖系统有肾脏、输尿管、睾丸、输精管和泄殖腔。

捡猫之旅

猫可以分为家猫、野猫，属于猫科动物。

猫通常长着圆圆的头，短短的脸，前肢有五个足趾，后肢有四个足趾，并具有爪。

猫走路的时候为什么是“静音”的？

猫为什么爱吃老鼠和鱼？

昨夜下了一场大雨，今天的空气格外清新。翠绿的叶子上挂着豆大的水珠，蝴蝶绕着五颜六色的鲜花翩翩起舞，阳光穿过水珠照射在草地上，这画面简直太美了。红桃和方块早早地从家里出来收集蜗牛，至于原因嘛，当然是因为老师留了观察蜗牛的作业，否则这两个小懒蛋才不会一大早就出来呢！

方块一连打了好几个哈欠，没精神地对红桃说：“红桃，你找到蜗牛的话分我几只，我就不去找了，我现在超级困。”

红桃撇了撇嘴，不开心地说：“凭什么我收集蜗牛，你却在一旁休息啊！”

方块没回话，而是又打了一个哈欠，眼泪也顺着他的眼角流了下来。

红桃皱着眉好奇地问道：“你昨天晚上熬夜啦？”

方块用手随意地抹了一下眼泪说：“我昨天看捡猫的小视频看到半夜一点。”

“啥？”红桃一脸震惊地说，“捡猫的小视频？就是那种半路上捡到流浪猫的视频吗？”

“对啊，”方块打着哈欠说，“你说他们怎么都能捡到猫呢？我怎么就捡不到？”

正在这时，几声猫叫声从不远处传了过来。方块突然精神了，他对红桃说：“你听到猫叫了吗？”

红桃也点了点头。两个人顺着猫叫声来到了下水道，一低头便发现一只小奶猫。

方块激动地说："我的天哪！我居然也捡到猫了！这太神奇了吧！我们快把它救出来吧！"

红桃趴在下水道口，一只手伸进去揪住了小猫头，一把将它拽了上来。然后，红桃和方块抱着小猫来到智慧屋，寻求歪博士的帮助。

歪博士为小猫检查过身体后，准备给它洗澡，红桃和方块也来帮忙。红桃看着在浴室里溜达的小猫，不禁问道："歪博士，猫走路为什么没有声音？"

歪博士笑着说："这是因为它们拥有特殊的'脚'啊。"歪博士轻轻抓住小猫，掰开它的脚趾，"你们看，猫的脚底有一层肉垫，这肉垫不仅又厚又软，而且非常有弹性。虽然它们的脚趾末端有爪子，但是当它们走路的时候，爪子可以缩进肉垫里，所以它们走起路来是没有声音的。"

方块也伸手摸了摸肉垫，激动地喊道："哇！这肉垫摸起来好舒服哦！猫咪们的肉垫也可以减少地面对爪子的磨损吧？"

"当然啦！"歪博士说道，"猫的肉垫里还有'感应器'，可以感受到地面传来的极其微小的振动。"

猫的身体可以分为五个部分，分别是头、颈、躯干、四肢、尾巴。大多数猫都有毛，极少数的猫无毛。猫在休息和行走时会将爪缩进肉垫里，在捕捉食物时会伸爪子。猫的牙齿分为臼齿、门齿、犬齿三种。

红桃接着问道："所以这也是猫能捉到老鼠的原因吗？"

歪博士点了点头，开始为小猫洗澡。

"可是歪博士，猫为什么吃老鼠和鱼呢？"方块问。

红桃抢着说道：“是因为老鼠肉和鱼肉比较好吃吗？”

歪博士笑着摇了摇头说：“不是的，猫爱吃鱼和老鼠是因为这两种食物的体内有猫咪所需要的物质，也就是牛磺酸。因为牛磺酸可以使猫在夜间看到东西，而老鼠和鱼身上正好有大量的牛磺酸，所以猫才爱吃这两种食物。”

红桃和方块一起点了点头，红桃接着问道：“歪博士，很久以前就有人说‘猫有九条命’，这是真的吗？”

方块抠了抠鼻子，不屑地说道：“你见过哪只动物能起死回生？猫当然只有一条命。”

红桃红着脸回应说：“这话又不是我说的，是……”

猫的肢体语言有哪些含义？

猫虽然不会说话，但是它们会利用自己的身体部位即耳朵、嘴巴、尾巴等来表达自己的情绪。如果猫将嘴巴分泌出的气味蹭到人身上，这说明它想将这个人据为己有。如果猫依偎在人的身旁，用头蹭这个人的话，这说明它在和你亲热。如果猫发出“呼噜呼噜”的声音，说明它很开心，也很安心。

歪博士笑着说：“‘猫有九条命’其实是一种夸张的说法。不过与其他动物相比，猫的平衡性和自我保护的功能相对完善，所以生命力也强很多。当猫从高空摔落时，身体可以保持平衡，所以不会摔伤。”

红桃和方块认真点了点头。

捏猫咪

经过对这个故事的学习，同学们是不是对猫产生了浓厚的兴趣呢？不如来做一个实验，亲自感受一下吧！

实验准备：一盒橡皮泥、一把刻刀、猫图片（种类不限）、猫的内部结构图。

实验目的：利用橡皮泥捏雕出自己喜欢的猫，并对照图片来观察猫的外形特征以及内部结构。

温馨提示：本实验需要用刻刀雕刻猫身上的细节，请小心。

实验过程：

1. 根据自己准备的猫图片，用橡皮泥捏出自己喜欢的猫咪。

2. 用刻刀雕刻细节。

3. 对照猫图片以及自己捏出来的猫，来认识猫的内部结构。

4. 四人为一小组，互相交流自己的感受。

实验原理

猫是哺乳动物，通常长着圆圆的头，短短的脸，前肢有五个足趾，后肢有四个足趾，并具有爪。

猫、狗、垂耳兔、荷兰猪、仓鼠都可以作为宠物被饲养。

狸猫换太子

古典名著《三侠五义》中记录着一个精彩的文学故事——《狸猫换太子》，这个故事广为流传，并多次被改编成京剧。

这个故事发生在北宋宋真宗时期。当时掌管后宫的皇后已经去世了，而刘妃和李妃都有孕在身，她们之中只要谁能生出儿子，谁就可以成为正宫。刘妃的嫉妒心很重，她害怕李妃生出儿子，于是联合总管都堂郭槐设计陷害李妃。接生婆受郭槐指使，在李妃分娩且神志不清时，用一只剥了皮并

且浑身是血的狸猫换走了刚出生的太子。刘妃命令宫女寇珠杀了太子，然而寇珠下不去手，悄悄将太子交给了宦官陈琳。陈琳又将太子送到八贤王府养育。

真宗看到狸猫之后，大发脾气，认为李妃生下了妖怪，于是将她打入了冷宫。没过多久，刘妃生下一个儿子，被立为皇后。但是六年后，刘后的儿子病逝。真宗再次没了后代，就将八贤王之子，也就是当年被狸猫换走的太子收为义子，并立他为太子。太子与生母在冷宫相见了，然而这件事被刘后知道了，刘后略施小计，使得真宗下旨赐死李妃。得知消息的小太监悄悄将李妃放了，李妃出宫后流落在陈州，靠乞讨为生，所幸她遇到了包拯。包拯将李妃带回了开封，又设计让郭槐说出真相。刘后得知事情败露，自杀而亡。

1. 猫的骨骼非常纤细，不仅轻巧还非常坚硬。

2. 猫躯干的脊柱不仅长并且呈弯曲状。

3. 猫的嗅觉非常灵敏，可以靠嗅觉判断哪个是主人、哪里是家等。

会“睡觉”的花

灌木、蕨类、绿藻、藤类、地衣、树木等生物都被称作植物。绿色植物可以通过光合作用来得到能量。

植物需要“吃食物”吗？

植物会“睡觉”吗？

这天一早，歪博士带着红桃和方块来附近的公园里散步，这座公园虽然不大，里面却别有洞天，运动器械、池塘、小型喷泉等应有尽有。走了一阵，歪博士感到有些疲倦，于是坐在池塘边休息，方块和红桃也坐了下来。

方块望着池塘里盛开的花朵，忍不住感慨道：“这花长得可真好看啊！”

红桃也顺势望向池塘，回道：“你知道这是什么花吗？”

“哎哟，你真当我没有文化啊？”方块不屑地说，“这不就是荷花么！”

“噗——”红桃没忍住，大笑起来。

方块看着红桃的反应，皱起了眉头，疑惑地问：“怎么了，我说错了吗？”

红桃大笑过后，认真地说：“这是睡莲！我跟你说啊，荷花的花色比较少，上面长着莲蓬、莲子，荷花的叶子不仅大并且呈圆形，叶片是浅绿色的。而睡莲呢，花色较多，开出的花朵比荷花小，没有莲子和莲蓬。叶片的形状与心脏相似，颜色非常浓。”

红桃说完，得意地看向歪博士，只见歪博士点了点头，肯定了红桃的回答。

方块又挠了挠头，皱起眉头问：“这原来是睡莲啊！是因为它们经常需要睡觉，所以才叫睡莲吗？”

歪博士听见这话，笑着解释道：“植物也和人类一样是需要‘睡觉’的，就拿睡莲来说，它们在白天绽放之后，等到太阳下山，睡莲的花瓣就会闭合起来，也就是‘睡觉了’。蒲公英也是这样‘睡觉’的。”

“歪博士，我们人类睡觉是为了休息，植物睡觉是为什么呢？因为生长过程太累了吗？”红桃问道。

歪博士解释道：“不是的，植物睡觉是为了自我保护。拿三叶草来说，它的三片叶子会在夜晚闭合起来，这是为了防止热量散失和水分蒸发。”

“所以睡莲‘睡觉’也是为了减少热量的散失吗？”方块问。

歪博士摇了摇头，继续说：“睡莲‘睡觉’是为了保护花蕊。闭合的花瓣可以保护娇嫩的花蕊免受夜晚寒冷的侵袭。”

红桃听完歪博士的话，又认真思考起来，问：“歪博士，既然植物需要‘睡觉’的话，那它们需要食物吗？”

方块撇撇嘴说：“植物也没有嘴啊，它们怎么吃东西呢？”

歪博士微笑着拍了拍红桃的肩膀，然后说："这个问题问得好。其实植物也和人类一样需要食物，并从中吸收对自己有益的营养物质。"

植物是具有体温的，并且体温会随时发生变化。当一棵小树生病时，树根从地下吸收水分的能力会变弱，小树吸取不到充分的水，它的体温就会升高，就像人类发烧一样。另外，当植物进行蒸腾作用时，大量的水分被蒸发掉，植物体内的热量降低，体温也跟着下降。

红桃接着追问："歪博士，植物到底需要哪些食物呢？"

歪博士笑着说："别着急，我慢慢解释给你们听。首先，植物会进行光合作用，它们可以将吸进的二氧化碳转化为氧气并释放出来；第二，植物的生长发育离不开水；第三，植物还需要吸收钙、铁、钾等矿物质。"

"所以植物需要二氧化碳、水分、钙、铁、钾、锰等矿物质！"方块对歪博士的话进行了简短的总结。

歪博士满意地点了点头。

这时，红桃做出了下一个猜测："可是歪博士，既然植物需要'睡觉'，也需要食物，那它们不就和人类差不多吗？所以植物也需要呼吸吧？"

歪博士回道："植物确实需要呼吸，因为呼吸可以为植物提供能量。"

红桃皱着眉，他小小的脑瓜里正在思考着，随后便听见歪博士的声音："红桃，你一定在想植物是靠什么呼吸的问题吧？"

红桃的脸上露出了惊讶的表情，用力点了点头说："歪博士，您可真厉害，我在想什么您都知道！"

为什么植物会"出汗"呢？

植物在生长过程中，会从土壤里吸取水分，等到夜晚来临，气温降低，植物能被蒸发掉的水分非常有限，这时气孔就会将身体里多余的水分排出来。这些水分在叶子表面形成了小水珠，看起来就像"出汗"了一样。

歪博士笑笑说："植物是靠气孔来呼吸的。植物的叶片上生长着很多小孔，因为这些小孔并不会闭合，所以它们随时都在呼吸。"

方块随手捡起一片绿叶，仔细观察了半天，随后说道："歪博士，我们快点回智慧屋好吗？我想用放大镜好好观察一下这些小气孔。"

于是，歪博士、红桃和方块一起开开心心地向智慧屋的方向走去。

植物的光合作用

经过对这个故事的学习，同学们是不是对植物产生了浓厚的兴趣呢？不如来做一个实验，亲自感受一下吧！

实验准备： 一盆绿叶植物、烧杯、酒精灯、三脚架、镊子、锥形瓶、石棉网、碘酒、黑纸、曲别针、白盘子。

实验目的： 通过实验来认识植物的光合作用。

温馨提示： 本实验步骤较为复杂，请耐心。

实验过程：

1. 将绿色植物置于黑暗之中两天（这一步是为了消耗叶子内的淀粉）。

2. 第三天取除绿色植物，并选择几片大的绿叶用黑纸遮盖住正反面，并用曲别针固定好，然后再将整株植物放在阳光下晒6小时左右。

3. 摘下一片黑纸包裹的叶子和一片晒过阳光的叶片，随后放在沸水中煮3分钟。

4. 将酒精倒入锥形瓶中，并将煮过的叶子放入锥形瓶，瓶口用棉絮封住。将锥形瓶放入装满沸水的烧杯里，并在烧杯底下加热，等到叶子变成黄白色后，取出叶片。

5. 将叶子放在白盘子里，将稀释后的碘酒滴在两张叶子上，观察叶子的变化并总结结论。

实验原理

绿叶可以进行光合作用，并且只有在光照作用下才能产生淀粉。

我们能呼吸到新鲜的氧气是植物进行光合作用的结果。

耐旱长寿千岁兰

千岁兰又被称为百岁兰、百岁叶、千岁叶，是世界上寿命最长的叶子。千岁兰本名纳多门巴，始终生长在安哥拉的沙漠地带。千岁兰虽然有一个与兰有关的名字，但是并不是兰花，而是百岁兰科中的旱生植物。

和很多沙漠植物一样，千岁兰的大部分“身体”被埋藏在沙子中。它长得非常矮小，只有20厘米左右，却拥有两片既宽又长的叶片，长度可达到2米，这“身材”简直令人羡慕，一颗小小的“脑袋”下面却长了一双大长腿。

千岁兰也能够开花并且结果，每一棵植株的果实可以达到上万粒，不过能够生存下来并且生根发芽的却少之又少，这只能看运气，所以“身体较弱”的千岁兰在沙漠这种艰难

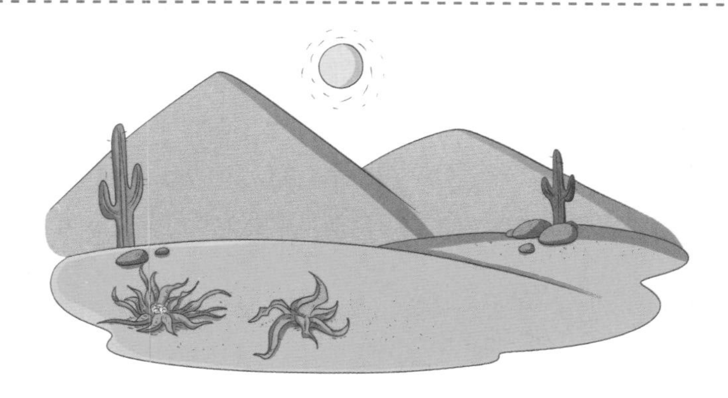

的环境下是无论如何也生存不下去的。

千岁兰可以活500年以上，并且它的“祖辈们”有些已经活了2000年了，正因为如此，它们才被称为千岁兰。千岁兰如此长寿，这与它自己的结构以及进化发展有关。首先，千岁兰拥有常年不落也不凋谢的叶子，因为基部具有生长带，即使叶子的前段死去，后段也能生长出新的叶子；第二，千岁兰的枝叶可以分生，并且隐藏着许多吸收水分的组织；第三，千岁兰的叶片上的气孔在白天处于关闭状态，这样可以减少水分的蒸发。

千岁兰可是当之无愧的长寿植物！

1. 滴入碘酒后，叶子变蓝的部分则证明产生了淀粉。

2. 光是绿色植物产生淀粉的先决条件。

3. 植物中含有叶绿素，为了防止这些绿色影响实验结果，需要先将叶绿素溶解。

满屋绿色关不住

叶子是一种营养器官，只存在于高等植物中。

所有高等植物，例如裸子植物、蕨类、被子植物都长有叶子。

植物的叶子为什么大不相同？

为什么叶子的正面颜色深，反面却颜色浅？

自从学习过植物的气孔后，方块就对叶子产生了浓厚的兴趣。只要在路上见到不同类型的叶子，他都会收集起来进行观察。

这天，方块怀里抱着一大堆树叶，与红桃一起来到智慧屋，想向歪博士请教几个问题。智慧 1 号刚为两个孩子打开门，就见方块像风一般冲了进来，身后还飞起来好多树叶。歪博士正巧从屋子里出来，看到满地树叶的景象，不禁说道：“方块，你是来我家搞破坏的吗？这满地的树叶，我得打扫到什么时候？”

方块见到歪博士，非常激动，于是喊道：“歪博士您放心！我和红桃会把这里收拾干净的！”

红桃不满地噘着嘴说：“明明是你自己弄得满地树叶，凭什么让我跟你一起收拾！”

方块没有理会红桃说什么，兴冲冲跑到歪博士跟前说：“歪博士，歪博士，我有好多问题想向您请教。”这时，方块的嘴像机关枪一样，一连问了好多问题。

“为什么很多叶子的外形、大小都不一样呢？”

“为什么叶子的正面和反面是两种颜色？”

“为什么有的叶片上长绒毛？”

“为什么这种叫慈姑的叶子长得不一样呢？”

“红色会影响植物的光合作用吗？”

方块一口气说完，这才喘了口气，拍了拍自己的胸口说：“哎呀妈呀，终于说完了，差点憋死我了。”

歪博士和红桃被方块这架势吓到了，半天说不出话来。

方块晃了晃歪博士的身体说：“歪博士，您怎么了？说话呀！”

歪博士这才回过神来，他皱着眉头，有些不好意思地说：“真是对不起，你说得太快了，我年纪大了，一个问题也没记住，你再慢慢说一次好吗？”

方块无奈地耸耸肩，于是慢慢地说：“歪博士，我想问为什么叶子长得都不一样呢？无论是外形还是大小。”

歪博士解释说：“虽然植物的叶子通常是绿色的，但是形状却大不相同，这是因为植物的遗传特征是不一样的，比如松树长出的是针形叶，它一定不可能长出像扇子一样的银杏叶。另外，外界环境也会对植物叶片的形态造成影响，寒冷地区的叶片较小，而炎热地区的植物叶片较大。”歪博士笑了笑，接着说：“下一个问题！”

方块接着问：“为什么叶子的正面大多是光亮的翠绿色，反面却是

浅绿色的呢？”

“这个我知道！”红桃抢着说，“植物的叶子里含有叶绿素，叶绿素本身呈现绿色，所以叶片是绿色的。又因为叶片的正面面对太阳，生成的叶绿素也偏多，所以颜色深，并且亮。”

叶子是由叶片、叶柄和叶托组成的。叶片的表皮是由一层无色且透明的细胞组成，并且这些细胞紧密地排列在一起；叶柄连接着叶片与植物的茎。叶托生长在茎与叶柄相连的地方，大小与豌豆相近。

歪博士笑着点了点头，又看向方块说道：“下一个问题！”

方块继续问：“为什么有的叶片会长毛呢？但是有些叶子却是光滑的？”

歪博士回答道：“这主要与叶子的生活环境有关。生活在寒冷地方

的植物，叶片上会覆盖一层绒毛，就好像穿了一件棉服一样，这些绒毛可以为叶子起到保暖的作用。”

红桃这时插了一句：“可是歪博士，这些长着毛的叶子生长在干旱地区，那岂不是被‘渴死’了？”

方块接着说：“生长在干旱地区的叶子才不长毛呢！天气这么干旱还给自己穿棉服，不缺水才怪呢！”

歪博士听了两个人的话，不禁笑起来，随后他摇了摇头，更正道：“干旱地区的植物叶片上也是会长毛的，这不仅是为了减少叶片水分的蒸发，也是为了防止蚊虫的叮咬。当然了，炎热地区的植物叶片是非常光滑的，因为每当暴雨过后，叶片上的水分需要快速蒸发，才可以保护叶子不烂掉。”

红色叶子也能进行光合作用吗？

红色的叶片也是可以进行光合作用的。这些叶片中同样含有叶绿素，除此之外它们还含有花青素，花青素是红色的，所以当叶片中花青素的含量比叶绿素多时，叶子就呈现红色。虽然红色叶片中的叶绿素含量较少，但这并不影响植物的光合作用。

“原来是这样啊！”红桃说道。

方块突然想起什么似的，飞速跑了出去，边跑边说：“我有点急事需要处理！收拾叶子的事情就拜托红桃了！”

方块不见了，房间里只剩下了看傻眼的红桃。

观察叶片实验

经过对这个故事的学习，同学们是不是对植物的叶片产生了浓厚的兴趣呢？不如来做一个实验，亲自感受一下吧！

实验准备： 几片新鲜植物的叶片（叶片种类不限）、载玻片、刀片、培养皿、滴瓶、酒精、显微镜。

实验目的： 通过观察叶片来认识叶片的内部结构。

温馨提示： 本实验需要用到显微镜，需在实验室进行。

实验过程：

1. 将一片新鲜的植物叶片平放在玻璃板上，用刀片切掉叶片边缘，只保留带有主脉的区域即可。

2. 一只手捏紧两个刀片，沿着叶片的主叶脉方向横向切割叶片，将刀片夹缝中的部分放入装满清水的玻璃皿里。

3. 用镊子夹出最薄的叶片后放入载玻片中，制作临时装片。

4. 用低倍显微镜观察刚做好的临时装片。

实验原理

叶片包括叶肉、气孔、表皮、叶脉、保卫细胞、海绵组织和栅栏组织。

菠菜的叶片也可以制作成临时装片。

王莲的叶子能载人

植物的种类非常繁多，叶子的形状也各有特色，如果说哪种植物拥有最大的叶子，许多人最先想到的一定是荷叶吧？没错，相比起那些又小又“瘦弱”的叶子，荷叶确实比它们大得多、壮得多，可是与王莲的叶子比起来，荷叶根本不算什么。

王莲生长在亚马孙河流域，是一种又大又奇特的水生植物。它的叶子硕大无比，外形也非常圆，漂浮在水面上像个浅口的大脸盆似的，这种形容可真是一点儿都不夸张。王莲可是个“大家伙”，它的承重能力也是很厉害的，让

一个10来岁的孩子坐在它的叶子上面也根本不会沉入水底。王莲的直径通常2米左右，最大的能达到4米。

人们一直对王莲这种植物感到好奇，那么王莲的身上究竟隐藏着怎样的秘密呢？为什么柔软的叶子可以支撑一个孩子的重量呢？原来呀，王莲的叶子背面有许多叶脉，这些叶脉不仅粗壮且巨大，它们便构成了王莲坚韧的“地基”，这些“地基”稳稳地支撑着叶子，并且在这些叶脉之间还有许多小气室，这些气室就使王莲稳当地漂浮在水面上。

1. 显微镜下观察的叶片结构必须是薄而透明的。
2. 叶片的表皮细胞有保卫细胞和气孔。
3. 保卫细胞中含有少量叶绿体。

果实包括果皮和果肉、种子，而果实是由子房发育形成的。

果实的种类较多，根据来源可以分为聚合果、复果、单果这三大类。

果实是如何成熟的？

果实为什么会掉落到地上？

这天，歪博士带着红桃、方块和梅花来到郊区的果园里采摘水果。歪博士这么做，一方面是想让三个孩子体验一下果农的生活，另一方面是想吃点现摘的水果。一个上午转眼间就过去了，四个人累得够呛，红桃和方块倚靠在桃子树下休息，而梅花和歪博士则坐在旁边的小亭子里乘凉。

方块用袖子擦了擦头上的汗水，又抬头望着长满桃子的桃树感慨道："果实可真是神奇呢！它们到底是怎样成……"

"啊——"方块大喊了一声，并捂住自己的大脑门，不停地说，"砸死我了！砸死我了！"

红桃被方块的举动吓了一跳，而一旁的歪博士和梅花也闻声赶来。

红桃本来想安慰方块一番，但是看到方块那副龇牙咧嘴的模样，忍不住大笑着说："你居然笨到被一颗桃子给砸了，也太好笑了吧！"

方块咧着嘴回击道："你才笨呢！你知道这颗桃子会掉下来吗？"

梅花冷着一张脸说："你们难道没学过牛顿的万有引力定律吗？"其实梅花并不是在生气，只是她这个人一直都比较高冷，这种酷酷的高冷表情比较符合她的风格。

"啊！对啊！牛顿就是被苹果树上落下的苹果砸到了。看来我们的'遭遇'非常相似的，我觉得我就是下一个牛顿啊！"方块

突然来了兴致，被砸过的脑门立刻就不疼了，“以后请你们叫我方牛顿！”

红桃看了看方块，说：“方牛顿？你可真会给自己起名字！”

方块还在兴奋中，他没有理会红桃的话，而是转头对歪博士说：“歪博士，我发现了一个真理，果实之所以会掉落下来，是因为地心引力的作用，我说得对不对？”

歪博士微笑着摇了摇头说：“并不全对。果实成熟之后，大多会掉落下来，但这不是因为果柄过细无法承受果实的重量，而是因为果实只有落到地面才可以生根发芽，并逐渐长出果树。”

方块皱了皱眉眉头，不解地问：“啥意思啊歪博士？我没听懂。”

歪博士笑了笑继续解释说：“别着急，我还没说完。果实成熟后，果柄上的细胞逐渐衰老，它可以在果柄和树枝相连的地方形成一道隔离屏障，这样果树就无法为果实提供营养了。然后在地心引力的作用下，成熟果实就掉下来了。”

植物的子房发育成果实，而果实通常又是由果皮、果肉、种子组成的。果皮可以分成三部分，外果皮、内果皮、中果皮。种子在一定条件下能萌发成新的植物体。除此之外，有些果实并没有种子，所以叫作无子果实。

方块、红桃、梅花三个人认真点了点头，方块紧接着说："对了歪博士，刚才我就想问您，果实到底是怎样成熟的呢？"

歪博士思索一番答道："果实成熟是一个复杂的过程。果实刚长出时，表皮大多是青色，这是因为果皮的表皮细胞里含有大量的叶绿素，并且果肉细胞里含有淀粉和酸性物质，所以是青的，吃起来又硬又酸。果实逐渐成熟后，叶绿素逐渐减少，叶黄素或者花青素显示出来，所以成熟的果实外表是红色或黄色的。成熟的果实吃起来也是甜甜、软软的。"

“哎，其实长大以后当个果农也挺好的，不仅每天都有新鲜的果子吃，还能年年丰收，真是幸福呀！”红桃突然感慨道。

梅花看了看红桃，冷冷地说：“你这么不靠谱，还没等到结果实，果树恐怕就被你养死了！”

“切！”红桃没有还嘴。

这时，歪博士认真地对红桃说：“红桃你错了，果树并不是每年都能丰收的。人们常说‘果树有大小年’之分，这是因为果树常常第一年结果多，第二年结果少。”

果树长得高或矮与产量有关吗？

一棵果树长得又高又大，它会占据好几棵矮果树的发展空间，使得矮果树的生长、发育受到限制。而矮果树的树冠比高果树的树冠大得多，树冠大就意味着可以接收更多的阳光，制造更加多的养分，结出的果实也就变多了。

梅花问：“为什么会出现大小年呢？”

歪博士解释说：“在大年里，果树将大部分营养给了果实，枝条却没有得到充足的营养，没办法满足花芽的需要，第二年结果就会减少。”

方块、梅花、红桃三个人认真点点头，并吃起果农准备好的冰镇西瓜。

解剖苹果实验

经过对这个故事的学习，同学们是不是对果实产生了浓厚的兴趣呢？不如来做一个实验，亲自感受一下吧！

实验准备：一个苹果、一把大水果刀、一个白盘子、一把镊子。

实验目的：通过观察苹果的外形结构以及对苹果进行简单的解剖，了解苹果的内部构造。

温馨提示：本实验需要用到水果刀，需小心。

实验过程：

1．准备一个苹果，清洗干净后吸干表皮水分，放在白色盘子里备用。

2. 将苹果纵切，并观察切开后的苹果果实。

3. 用镊子夹出苹果的种子，并观察种子的外形特征和结构。

实验原理

仁果的果实中心具有种子室，室内有种仁数颗，苹果是最典型的仁果。

橙子、柚子、柠檬属于柑果，核桃、板栗属于坚果。

草莓的果实

我们都知道，动物和人类都是有血型的，但是植物也有血型吗？

20 世纪 80 年代，一部分植物学家提出植物也有血型这个概念，只不过植物的血是一种类似血的红色液体，里面含有糖、树胶、鞣质等物质，并不具备人血或动物血的功能。1983 年，一位日本的医生研究了将近 500 多种植物，发现罗汉松这种植物属于 B 型血，荞麦属于 AB 型血，然而包括草莓等 60 多种植物属于 O 型血。听到这个说法，你是不是很震惊呢？草莓居然是有血型的。

草莓的可食用部分并不是果实发育而来的，而是由花托发育成的。而草莓外面那些像小芝麻一样的黑色“小点点”才是真正的果实。

说起草莓，大家一定非常熟悉吧。它是一种多年生的草本植物，最高可达到40厘米，茎比叶子低很多，可以说是贴近地面生长。草莓的花瓣是白色的，有些近似圆形，有些呈椭圆形。草莓因为香甜可口而深受人们喜爱。

1. 果实可以分为五大类，浆果、仁果、柑果、核果和坚果。

2. 柑果是有着肥大多汁瓤囊的水果。

3. 苹果的果心有五个心室，每个心室都有一个或两个种子。

花儿朵朵开

花由花托、花柄、雄蕊群、花被、雌蕊群组成。
花朵是繁殖器官，肩负着“传宗接代”的任务。

花朵为什么会有香味呢？

植物为什么会开出花朵呢？

昨天临近傍晚时突然狂风大作，又下起了瓢泼大雨，红桃和方块被这场大雨困住了，索性就在智慧屋住下了。经过一夜的风雨“摧残”，园子里的好多花都被吹落在地上，歪博士正在打扫小花园，红桃和方块见状也来帮助歪博士。

方块看着满地的漂亮花朵，不禁感慨道：“哎，真是可惜了！这些花开得多漂亮啊！”

红桃随手捡起一朵黄色的花问道：“歪博士，这是什么花呀？”

还没等歪博士回答，方块理直气壮地说：“嗨，这还不认识吗？就是一朵黄花啊！”

“黄花？”红桃瞪大了双眼，下巴都要掉到地上了，他气呼呼地说，“不要捣乱！”

“嘿！你说谁捣乱呢！这不就是黄花么！歪博士您来评评理，我说得对不对！”方块不满地吼道。

歪博士笑眯眯地说：“其实，方块说得也没错，这确实是一朵黄花。”

听见这话，方块露出了得意的表情，可是红桃不干了，他嚷嚷着说：“歪博士，您怎么还向着他说话啊？”

歪博士摆了摆手，示意红桃少安勿躁，他继续说：“小红桃，我明白你的意思，其实啊这种花是月季，它被人们称为‘花中皇后’。”

“这花居然是花中皇后？”方块激动地说道，“既然是皇后，这种

花一定很娇贵吧？是不是很难养呢？”

歪博士摇了摇头说：“月季一点儿也不难养，它们适应环境的能力是很强的，不仅能在我们国家生存，在其他国家也能看到月季美丽的身影。”歪博士指着旁边白色和粉色的花，接着说：“这两种也是月季花，只不过品种不同，它们一个是丰花月季，一个是藤本月季。”

红桃接着说：“看来月季花的品种还不少呢！”

“没错！月季花可以分为壮花月季、灌木月季、香水月季、微型月季、丰花月季、藤本月季这六大类。”这是智慧 1 号的声音，它像背诵课文一样说出了月季的分类。

“歪博士您又更新了智慧 1 号的系统吗？”红桃好奇地问道。

歪博士略带得意地说：“是的！现在的智慧 1 号能根据我们的谈话内容来提取关键信息，并为提出疑问的人做出解答。不过现在还在试验阶段，并不太稳定。”

红桃的眼睛仿佛冒出了羡慕的小星星，他觉得歪博士太帅了，尤其是在研究机器人方面。

花朵虽然颜色各异并且大小不同，但是具有相似的基本构造。一朵完整的花朵是由花托、花柄、花被、雌蕊群、雄蕊群组成的。花柄连接着花朵和茎；花柄上端是花托；花被在生长中会变成花瓣、花冠或花萼；雄蕊是由花药和花丝组成；雌蕊由花柱、子房、柱头组成。

这时，一旁的方块不知道怎么了，一会儿闻闻这朵花，一会儿闻闻那朵花，看起来特别忙碌，红桃忍不住问道：“你在干吗啊？”

方块瞥了红桃一眼，又看向歪博士，问道：“歪博士，怎么有些花有香味，有些花却没有呢？”

歪博士没有立刻回答方块的问题，而是反问他：“我看到你将这些

花儿全都闻了一遍，你有什么发现吗？”

方块歪着头认真思考了一番说：“我发现颜色浅的花大多比较香，而颜色艳丽的花反而没什么味道。”

歪博士笑了，非常满意地解释道：“方块，你观察得非常仔细。颜色较浅的花没有吸引蜜蜂、蝴蝶等昆虫的鲜艳颜色，但是它们的花瓣可以分泌一种有香味的物质，这种物质名叫芳香油。”歪博士举起一朵白色的百合花，继续说道：“花朵盛开后，芳香油的气味就会挥发出来，经过阳光的照射，香味会更加浓烈，也因此可以吸引小昆虫们来帮助花朵传播花粉。”

红桃继续问道：“是不是因为花朵中含有的芳香油不同，花儿们散发出来的香味就不同呢？”

歪博士笑着点了点头，并对着红桃竖起了大拇指。

植物为什么会开花呢？

花朵是植物的繁殖器官，许多花朵会利用鲜艳的颜色或香气来吸引蜜蜂、蝴蝶等小昆虫来帮助自己传播花粉。雄蕊的花药上有花粉，而雌蕊的子房里有胚珠，当这些花粉传到雌蕊的柱头上时，胚珠才可以生长发育。胚珠会长成种子，而子房则变成果实。

花朵解剖实验

经过对这个故事的学习，同学们是不是对花儿产生了浓厚的兴趣呢？不如来做一个实验，亲自感受一下吧！

实验准备： 一朵完整的花（花的品种不限）、花朵结构图、镊子、小刀、放大镜、白纸。

实验目的： 通过观察和解剖植物的花朵，了解并会辨认花朵的结构。

温馨提示： 本实验需要用到刀，需小心。

实验过程：

1. 观看花朵结构图，大致了解花的结构。

2. 用肉眼观察这朵完整的花的结构。

3. 将花放在白纸上，并用小刀和镊子将花的各部分分解出来，再次进行辨认。

实验原理

花由花托、花柄、雄蕊群、花被、雌蕊群组成。

菊花、金银花、百合花、荷花都可以入药。

臭烘烘的大王花

说起花，很多人最先想到的一定是外表美丽、颜色鲜艳并且散发着浓郁香气的花朵。你一定想不到吧？这个世界上还有散发着臭味的花朵。除了常见的绣球时常散发臭味，这个世界上还有一种外形巨大并且“臭名远扬”的“世界花王”——大王花。

大王花生长在印度尼西亚的爪哇、马来西亚、苏门答腊等地，是一种寄生性植物。它们非常热衷于生活在热带雨林中。大王花作为世界上最大的花朵，被当地人称为“荷叶般硕大的花”。这种花的直径足有1.5米，花瓣的厚度大约1.4厘米。整朵花有5片花瓣，重量大约为30斤。大王花的中心处有一个洞，此处可以装十来斤的水，就连人都可以藏下。

大王花虽然长得大、肉质多，看起来也非常“壮实”，颜色更是五彩斑斓，但是花瓣上的斑点让人感到恶心，很像一张布满青春痘的脸。更让人难以忍受的是，它散发出来的气味与粪便相似，就连蜜蜂、蝴蝶等可爱的小昆虫都不想靠近这个臭家伙，只有苍蝇愿意帮它们传授花粉。

大王花长相不好看，浑身臭烘烘的，靠吸取其他植物体内的营养物质来维持生存，所以这种“臭家伙”既没有叶子也没有茎，只有一颗小小的种子。

面对这种“臭气熏天”的花朵，不仅是人，就连小昆虫都躲得远远的。

1. 同时具有雄蕊和雌蕊的花叫作两性花。

2. 一朵花如果只有雄蕊或者雌蕊，这种花叫做单性花。

3. 花着生的位置影响花朵成为单生花或者花序。

根是植物的六大器官之一。

根可以起到吸收并传送物质，固定植物的作用。

植物的根有什么作用？

植物的根为什么会向下生长呢？

歪博士虽然是一位理工科学者，但艺术修养非常高，没事的时候歪博士喜欢到郊区写生，他最喜欢画风景。这天，歪博士带着红桃和方块出来写生，说是写生。可只有歪博士带齐了画画工具，另外两个小家伙却带了捕蝶网、小铲子等工具，他们俩呀，分明就是来玩的！

歪博士将画板固定好，对红桃和方块说："你们两个只能在附近玩耍，听到了没？不许跑出我的视线。"

红桃和方块两人笑嘻嘻地点点头，红桃又拍了拍身旁的智慧 1 号说："歪博士您放心吧，有智慧 1 号看着我们呢。"

歪博士从包里拿出两个黑豆一般大小的东西，贴在了红桃和方块的衣服上。他低头看了看手机中的定位画面，又抬起头嘱咐道："我在你们两个的身上贴了微型定位器，可以定位你们的位置。记住，不要跑太远。"

红桃和方块点点头。

走在路上，方块这看看，那瞅瞅，感觉很新鲜，毕竟从小就生活在城市里的孩子很少能与大自然亲密接触。

"哎呀——"方块大喊了一声，摔倒在地上。方块回过头大声嚷嚷道："红桃你推我干什么？"

红桃不好意思地挠了挠头说："对不起，我怕你踩到野菜，所以推了你一下。"红桃说着指了指地上的绿色植物。

方块皱着眉，先是看了看方块又看了看地上的野菜，匍匐来到野菜旁边，认真地说："你怎么知道这些草就是野菜？"

还没等红桃回答，智慧 1 号先开口了："这些确实是野菜，它既可以做凉拌菜，也可以包饺子吃。"

一说到吃，方块简直两眼放光，他拿出小铲子开始挖野菜，就连旁边的小草也被他挖出来了。红桃赶紧说："那是小草，不能吃的。"

方块这才停下来，仔细看看野菜，突然自夸道："野菜的根竟然没有损坏，我可真是挖野菜高手！"

红桃撇撇嘴说："是啊，根就是植物的命呀！"

"你们在讨论根吗？"歪博士的声音突然从旁边响起，吓了红桃和方块一跳。

红桃拍了拍心脏说："歪博士，您走路怎么没有声音啊？吓死我了！不过您怎么过来了？"

歪博士认真地回答说："我从定位画面中看到方块趴在地上，以为他受伤了，所以过来看看。刚一走近就听到你们在讨论根的事情。"

种子开始萌发后，胚根生长为幼根，冲破种皮后垂直向下生长，这被称为主根。当主根逐渐生长时，又会分出许多支根，也被称为侧根。植物除了有主根、侧根，它们的茎、老根、叶上生出的根被称为不定根。

方块赶紧问道："歪博士，植物的生存为什么离不开根呢？"

歪博士说："土壤中含有无机盐类、水、二氧化碳和磷、硫、钙等元素，根可以吸收这些物质并运送到其他部位；另外，根还可以牢牢生长在地下，保持土壤紧实。有些植物的根还具有繁殖以及储藏的作用。"

听着歪博士的解释，方块又仔细看了看野菜的根，问道："可是歪

博士，根为什么朝下生长呢？它们为什么不向四周或地上生长？”

“首先，根向下生长时，才可以更好地固定住植物，并从土壤中吸收更多的无机盐和水，这是一个适应环境的过程。”歪博士停了一会儿，喘了口气接着说，“第二，因为地心引力的作用，植物体内会产生生长素。生长素这种物质会影响根的生长。生长素含量多时，根的生长会受到抑制；而当生长素含量较少时，能促进根的生长。生长在地下部分的根分泌的生长素较少，所以根生长得很快，并总是向下生长。”

植物的根和茎有什么区别呢？

茎和根看起来很难区分，但实际上并不是的。茎具有节和节间，节就是长叶子的地方，节间就是两节之间，并且茎的节上长着叶子，另外，茎的叶腋处有芽，而根并不具备茎的任何特点。所以了解了植物的根、茎特点，就很好区分两者了。

这时，红桃看了看方块，皱着眉说：“那个，你还不打算起来吗？你想在地上趴多久呢？”

方块不好意思地笑了笑，并说：“有位‘智者’曾经说过，在哪里跌倒就在哪里趴下！”

红桃撇撇嘴说：“我看那个‘智者’就是你吧！”

歪博士和红桃笑了起来。

模拟细胞膜实验

经过对这个故事的学习，同学们是不是对植物的根产生了浓厚的兴趣呢？不如来做一个实验，亲自感受一下吧！

实验准备： 一张玻璃纸、镊子、盘子、20% 硫酸铜溶液、胡萝卜汁、浓盐水、细绳。

实验目的： 通过观察玻璃纸的变化来了解根细胞的吸水原理。

温馨提示： 本实验需要用到专业试剂，需在实验室中进行。

实验过程：

1. 将玻璃纸完全浸泡在 20% 硫酸铜溶液中，等待 1 小时（硫酸铜溶液可以腐蚀玻璃纸，此时的玻璃纸上会出现肉眼看不见的小洞）。

2. 用镊子将玻璃纸从溶液中夹出，用水清洗干净后擦干，半透膜即完成。

3. 将胡萝卜汁放入半透膜中，并将半透膜扎成一个袋子，再用绳子绑紧，然后将半透膜袋放入浓盐水中，观察现象。

4. 再将半透膜袋取出放在清水中，观察变化。

实验原理

植物根毛细胞吸水与半透膜的道理相同。土壤溶液的浓度大于细胞液时，根毛细胞排出水；相反，根毛细胞吸水。

榕树生长着板状根，它的作用是牢固地撑住树干，使榕树健康成长。

土豆、红薯和洋葱

土豆有着圆圆、胖胖的身体，身体表面还有很多凹陷，这些是由于茎节退化导致的芽眼，所以我们吃的土豆并不是果实，而是块茎。块茎是植物茎的一种变态形式，呈现块状。

红薯的外形虽然与土豆差不多，但红薯并不属于块茎，它是一种贮藏根。贮藏根则是指根的某一部分或全部因为贮藏营养而形成肥大的肉质，也是植物中最常见的一种变态根。

除了土豆和红薯，洋葱头也是我们时常可以见到的蔬菜。洋葱头长在地下，许多人以为洋葱头是植物的根，其实这是一种误解，洋葱头的底部像胡子一样的须才是它的根，而洋葱头是洋葱的地下变态茎，但是与土豆不同的是，它不是块茎，而是鳞茎。当我们一层一层地剥开洋葱头时，会发现洋葱头的最底下有一个扁扁的、平平的鳞茎盘。茎盘中央部位生长的是顶芽，这里就是洋葱叶子生长的部位。顶芽的周围生长着鳞片。这些白色的鳞片是洋葱叶子形成的，它们一层层重叠在一起形成了鳞茎。

1. 根毛细胞能从土壤溶液中吸收水分和无机盐。

2. 根毛细胞的细胞质少，但液泡大。

3. 液泡大则有利于储存已经进入细胞的水分。

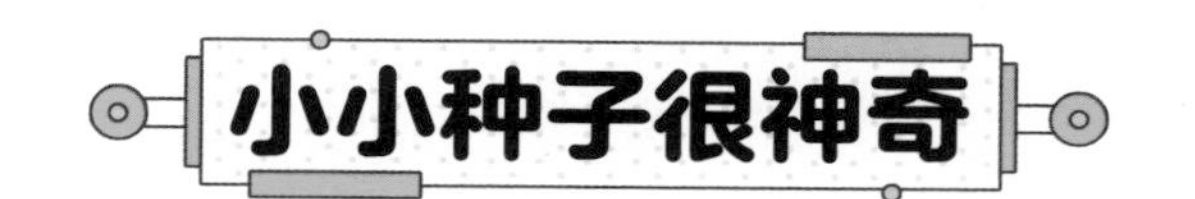

小小种子很神奇

种子植物可以分为两类，一类是裸子植物，一类是被子植物。

裸子植物不具备果实，被子植物的种子生在果实里。

植物的种子全都长在果实里吗？

植物的种子为什么会休眠呢？

这天，红桃和方块又来到智慧屋找歪博士玩，然而不巧的是，歪博士正在研究一项课题，没时间陪两个小家伙玩，所以红桃和方块安安静静地坐在沙发上看电视，当然，歪博士贴心地为两人准备了冰镇西瓜以及香蕉、苹果、桃子等水果。

方块拿起一块西瓜，一边吃一边对红桃说："我们来比赛吧，怎么样？"

红桃也拿起一块西瓜吃了起来："比什么？"

方块将一张纸巾平铺在桌面上，又将茶几推远了一些，紧接着坐回沙发，得意地说："我们来比赛吐西瓜子，就像这样，"方块用尽力气，"噗——"一声将西瓜子吐了出去，然而这颗西瓜子不偏不倚地落在了智慧 1 号的脸上。智慧 1 号吓了一跳，捂着脸急忙跑走了。

"哈哈哈——"方块大笑起来。回头看向红桃，只见红桃的脸上毫无表情，并且大口吞着西瓜。

方块立刻收起了笑容，又拍了拍红桃说："嘿，你怎么只知道吃啊！比赛不？"

红桃说道："真幼稚，我才不跟你比赛呢！再说了，我吃西瓜从来不吐子。"

方块瞪圆了眼珠，不可置信地说道："什么？吃西瓜不吐子？直接吞进去吗？你不怕肚子里长小西瓜吗？"

红桃听见这话，脸上露出了吃惊的表情，说道："啥？吃西瓜子会长西瓜？这种话都是骗小孩儿的，我才不信呢！再说了，我吃了这么多西瓜子，肚子里也没长出西瓜啊！"

方块觉得有些尴尬，于是转移了话题，他随手拿起一根香蕉，边吃边说："你说这香蕉怎么没子呢？没子的话它到底是怎么长出来的呢？"

红桃说道："我记得老师讲过，植物一共可以分成两种类型，一种是裸子植物，一种是被子植物，裸子植物不生长果实，而被子植物的种子长在果实里。"

方块说："这个我也知道，所以也就是说西瓜是被子植物，而香蕉是裸子植物，可是……"

方块的心中仍然充满了疑问，正在这时，歪博士从实验室里出来了，对两个人说道："就让我为你们解答疑问吧！首先啊，裸子植物和

被子植物都能够形成种子，但是呢，就像你们说的，裸子植物不生长果实，只长种子，这些种子都裸露在外面，比如银杏树上生长的白果，这白果就是银杏树的种子，除了银杏树，还有柏树、松树、杉树也是一样的。”

种子在大小、颜色、形状上都是有差别的。椰子的种子偏大，而芝麻和油菜的种子则偏小，烟草、兰科植物以及马齿苋的种子更小。桂圆和豌豆的种子是圆形的，蚕豆的种子像肾脏一样。

歪博士喝了口水继续说：“接下来再说香蕉，很早以前，香蕉是有种子的，只不过它的种子又小又多，密密麻麻地挨在一起，吃起来非常麻烦，所以在以后的人工培育中，让香蕉的种子慢慢退化了。”

红桃接着问道：“香蕉中心部分那些小黑点就是它的种子吧？”

“没错！”歪博士点了点头说。

方块接着问歪博士：“那这么说，植物都是有种子的吧？”

歪博士摇了摇头，然后对方块说：“通常情况下，种子是由精卵细胞结合而形成的，但是有些植物的精卵细胞却无法结合在一起，所以没办法形成种子。而有些植物原本是具有种子的，但是后来经过人工的培育而失去了种子，就像香蕉一样。当然，还有一些特殊情况，比如植物在受精时遭到了人为的破坏也是无法产生种子的。”

“种子能成长发育起来可真是不容易啊！”方块感慨着说。

“是啊，不容易，不容易。”红桃附和道，他转头看向歪博士问，“种子又是如何生长发育的呢？”

歪博士说：“种皮、胚以及胚乳构成了种子，而胚又是由于胚芽、

胚根、子叶、胚轴构成的。种子开始发芽后，内部会产生激素，例如细胞分裂素、生长素，这些激素可以促进细胞的分裂、伸长、生长。同时，胚乳、子叶提供营养，胚根便开始生长，冲破种皮后向土壤中延伸。胚芽则分化出幼叶以及幼茎。这样，种子就长成了一棵小幼苗。”

种子都会发芽吗？

正常情况下，大多数植物的种子成熟以后会发芽，可是有些植物的种子不仅不能发芽，还会处于休眠状态。有些植物受到种皮的影响，因为种皮无法透过水分，种子就吸收不到水分，所以不能发芽。还有一些植物的种皮不能透气，也无法使种子发芽。有些植物的胚发育不完全，种子也同样不能发芽。

“原来种子是这样生长起来的呀！”红桃感慨道，方块也跟着点了点头。

种子发芽实验

经过对这个故事的学习，同学们是不是对植物的种子产生了浓厚的兴趣呢？不如来做一个实验，亲自感受一下吧！

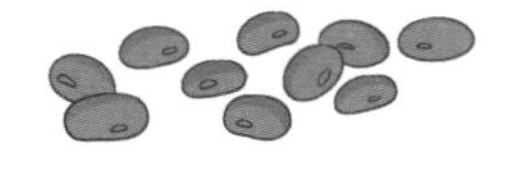

实验准备： 两个空的透明饮料桶、健康的绿豆种子10粒、脱脂棉、水。

实验目的： 通过观察植物种子的萌发过程，了解各部分结构的生长特点以及结构特点。

温馨提示： 本实验周期略长，请耐心。

实验过程：

1. 将脱脂棉花平铺在饮料瓶中，培养杯就制作好了。

2. 将全部绿豆种子放在清水中浸泡一夜，第二天在每个培养杯中放入5颗种子。

3. 将一个培养杯放在室温下并且有阳光的地方，将另一个培养杯放在室温下但是黑暗处。

4. 每天定时观察种子的变化并记录。

实验原理

种子是由种皮、胚以及胚乳构成的，胚又是由胚芽、胚根、子叶、胚轴构成的。

黄豆芽就是由黄豆种子萌发来的。

最大和最小

植物因为有种子才可以生长发育，所以种子对于植物而言是很重要的，可是你知道世界上最大的种子和最小的种子分别是什么吗？

世界上最大的种子是棕榈科复椰子树的种子。通常情况下，复椰子树“居住”在海岛上，尤其是在马尔代夫群岛、印度洋的塞舌尔群岛最常见，所以它还有一个名字叫马尔代夫椰子树。因为复椰子树的种子中央有一个沟，看起来非常像两个椰子合在了一起，所以也有人叫它复椰子。

复椰子的种子长约50厘米，重量可以达到10千克，虽然它的外形与其他椰子树的种子很相似，却比其他种子大了很多。复椰子的种子很沉，外面还包裹着三层果皮，但是竟然可以漂浮在水面上，是不是很神奇呢！

世界上最小的种子是斑叶兰的种子。说起最小的种子，很多人的脑海中最先想到的一定是芝麻，毕竟一粒芝麻的种子重量仅有0.003克。但是四季海棠的种子可比芝麻小得多，它的重量是芝麻的千分之一。不要惊讶，斑叶兰的种子可比四季海棠的种子还小很多，它的种子仿佛与灰尘一般细小，只要人们呼一口气，斑叶兰的种子就会不见踪影。

1. 种子生长时，最先萌发出来的是胚根。
2. 子叶的形状呈扁圆形。
3. 种子的萌发并不需要光照。